Beate Poetting
Sabine Winkler

Endlich Zeit für einen Hund

Hunde für die besten Jahre

KOSMOS

Inhalt

Zu diesem Buch

Wenn Sie zu diesem Buch gegriffen haben, sind Sie vermutlich „in den besten Jahren" und spielen mit dem Gedanken, sich einen Hund anzuschaffen. Oder Sie kennen einen älteren Menschen, der sich für die Hundehaltung interessiert, und fragen sich, ob Sie diesen Wunsch unterstützen sollen oder nicht. Natürlich ist es richtig, sich ein paar Gedanken zu machen, wenn man sich in einem bereits etwas höheren Alter auf das Abenteuer Hund einlässt. Die Sache will gut überlegt sein.

Noch einmal einen Hund? – Aber ja!

Der nicht selten geäußerten Meinung, dass man sich ab einem bestimmten Alter grundsätzlich keinen Hund mehr anschaffen sollte, können wir uns keinesfalls anschließen. Begründet werden solche Äußerungen meist mit Bedenken und Zweifeln, ob ein älterer Mensch sich noch ausreichend um einen Hund kümmern kann und ob es nicht vielleicht sogar passieren könnte, dass der Hund seinen Besitzer überlebt. Diese Einstellung hängt wohl auch ein wenig mit unserer gesellschaftlichen Sichtweise des Lebens zusammen. Spaß und Spontanität sind den jungen Leuten vorbehalten und die Alten sollen ihre letzten Jahre ruhig genießen, aber möglichst keine großen Ansprüche stellen.

Einer, mit dem man durch dick und dünn gehen kann.

Pluspunkt Zeit

Tatsache ist, dass keiner von uns, egal wie alt, garantieren kann, wie sein Leben in Zukunft verlaufen wird. Im Grunde wird jeder Hundehalter mit der Frage konfrontiert, ob er ein Hundeleben lang in der Lage sein wird, sich ausreichend um sein Tier zu kümmern. Und wenn Sie vielleicht nicht mehr ganz so beweglich sind wie ein junger Mensch, haben Sie auf der anderen Seite viel mehr Zeit für Ihren vierbeinigen Freund als jemand, der durch Beruf oder Kinder in Anspruch genommen wird.

Durch einen Hund bleibt man aktiv.

Freude, Lebendigkeit und Lebensqualität

Ein richtig ausgewählter und gehaltener Hund bringt so viel Freude, Lebendigkeit und Zuwachs an Lebensqualität mit sich, dass Sie sich die Möglichkeit zur Hundehaltung nicht voreilig versagen sollten. Die Entscheidung liegt letztendlich bei Ihnen. Sie wird Ihr Leben in den nächsten zehn bis fünfzehn Jahren wesentlich beeinflussen. Wir persönlich könnten uns ein Leben ohne Hunde ganz bestimmt nicht mehr vorstellen und halten es in diesem Punkt wie Heinz Rühmann: „Man kann ohne Hund leben, aber es lohnt sich nicht."

Die richtige Entscheidung

Welche Voraussetzungen sollte ein Hund in einer späteren Lebensphase erfüllen, damit der Spaß bei Mensch und Hund auf keinen Fall zu kurz kommt? Wir möchten Ihnen mit diesem Buch bei der Beantwortung der Frage helfen, ob Sie sich einen Hund anschaffen sollten oder nicht und wenn ja welchen. Dazu versuchen wir, alle Aspekte der Hundehaltung „in den besten Jahren" zu beleuchten – egal, ob Sie schon mal einen Hund hatten oder zu den Neulingen zählen – und Ihnen Tipps zu geben, wie Sie sich die Erziehung eines Hundes und die Bewältigung Ihres Alltags mit einem Hund einfacher machen können.

1

Überlegungen im Vorfeld

Hunde sind wahre Jungbrunnen

Sie wissen oder ahnen, wie wunderschön und vielseitig das Leben mit einem Hund sein kann und wie oft er einem in schweren Stunden durch seine Anwesenheit und Nähe hilft. Inzwischen ist wissenschaftlich nachgewiesen, dass Hunde beruhigend und ausgleichend auf Menschen wirken. Allein schon einen Hund zu streicheln ist im wahrsten Sinne des Wortes gesund. Außerdem weiß man, dass Menschen mit Hunden wesentlich geselliger sind und leichter Kontakt zu fremden Menschen bekommen. Sie werden umgekehrt auch öfter angesprochen. Die durch einen Hund wesentlich erleichterte Kontaktaufnahme mit den Menschen im Umfeld ist ein echter Gewinn für die eigene Lebensqualität.

Ein älterer Hund ist oft ruhiger und ein zufriedener Begleiter.

Der Care-Effekt

Hinzu kommt ein Punkt, der für viele Hundehalter sehr wichtig ist: Hunde müssen und wollen versorgt werden. Man muss sich um den Hund kümmern, ihn regelmäßig pflegen, ihm Bewegung verschaffen und für sein körperliches Wohlergehen sorgen.

Ein Hund kann sogar Menschen zusammenbringen.

Dies ist ein starker Anreiz, selbst aktiv und beweglich zu bleiben. Ein kurzes Hund-Mensch-„Zwiegespräch“ beim morgendlichen Aufstehen, der wedelnde Vierbeiner, der um einen Spaziergang bittet oder sich einfach darüber freut, dass jemand mit ihm spricht – all dies macht das Leben jeden Tag ein wenig schöner und verhindert automatisch, dass man zu viel grübelt.

Mit diesem kleinen Gesellen wird der graue Alltag zum Abenteuer.

Ja zum Hund

Auf diese Bereicherung haben auch Sie ein Recht. Sie dürfen und sollen sich in Ihrem Leben so einrichten, dass Sie sich wohlfühlen. Und wenn zu Ihrem Leben ein Hund gehört, dann sollten Sie sich einen anschaffen. Nur weil Sie eventuell eines fernen Tages nicht mehr fit genug sein könnten, um Ihr Tier zu versorgen, sollten Sie sich dieses Glücks nicht berauben lassen. Aus all diesen Gründen: Ja, wenn es Ihr Wunsch ist, einen Hund zu halten, und wenn nicht ganz wichtige gesundheitliche oder andere Gründe dagegen sprechen, sollten Sie es wagen. Trotzdem ist es nicht verkehrt, sich im Vorfeld einige Gedanken zu machen, was mit Ihrem Hund geschehen soll, wenn Sie ihn vielleicht nicht mehr versorgen können.

Also auf geht's in eine gemeinsame Zukunft!

Und wenn mir etwas passiert?

Wahrscheinlich werden Sie vor der Anschaffung eines neuen Hundes einige Gespräche mit Freunden oder Ihrer Familie haben, in denen erörtert wird, was mit dem Hund in einem solchen Fall geschehen soll. Wenn Sie hundefreundliche Menschen in Ihrem Umfeld haben, erhalten Sie vielleicht schon bald ein Angebot von einem lieben Mitmenschen, der Ihnen zusichert, im Notfall einzuspringen und Ihren Hund entweder selbst zu übernehmen oder sich um seine Vermittlung zu kümmern und den Kontakt mit dem neuen Besitzer zu halten, bis sichergestellt ist, dass alles in Ordnung ist. Auch manche Züchter sind grundsätzlich bereit, sich um Hunde aus ihrer Zucht weiterhin zu kümmern, wenn diese später einmal den Besitzer wechseln müssen. Viele Züchter bestehen sogar im Kaufvertrag auf einer Klausel, die vorsieht, dass ein von ihnen verkaufter Hund nicht einfach ungefragt an Dritte weitergegeben werden darf (Vorkaufsrecht).

Natürlich sollte seine Zukunft gesichert sein.

Sorgen Sie vor

Sowohl das Angebot für eine Übernahme als auch dafür, sich um eine eventuelle Vermittlung zu kümmern, dürfte Sie bestimmt erleichtern. Auch wenn der Gedanke schmerzlich ist – Ihr Hund würde Sie natürlich vermissen –, aber für einen Hund ist es nicht gar so schrecklich, wenn er ein- oder zweimal im Leben seine Bezugsperson wechseln muss, sofern der neue Besitzer ebenso nett zu ihm ist und ebenso gut für ihn sorgt wie der alte. Gut erzogene, Menschen gegenüber aufgeschlossene Hunde finden dabei natürlich leichter neue Besitzer und entwickeln auch relativ schnell eine gute Bindung an sie. Im Grunde leiden wir Menschen oft mehr unter einer Trennung als der Hund. Richtig schlimm wäre es nur, wenn der Besitzerwechsel eine deutliche Verschlechterung für den Hund bringen würde, der neue Besitzer gleichgültig und lieblos wäre oder der Hund

Im Idealfall unterstützt die Familie Ihren Hundewunsch.

von Hand zu Hand wandern würde. Wenn Sie sich also bemühen, Ihren Hund gut zu erziehen und es zulassen, dass er nicht ausschließlich auf Sie fixiert ist, sondern auch zu anderen Menschen Kontakt hat, und wenn Sie jemanden haben, der im Falle des Falles sorgfältig eine neue Stelle für ihn sucht, haben Sie alles getan, was nötig ist, und brauchen Ihrem Hund gegenüber kein schlechtes Gewissen zu haben.

Nicht ohne meinen Hund ...

Auch für den eines Tages eventuell notwendig werdenden Umzug in ein Pflegeheim kann man Vorsorge treffen. Es gibt inzwischen viele Heime, in die Heimtiere mit einziehen dürfen. Es ist bekannt, dass Tiere sehr zur Zufriedenheit der Bewohner beitragen. Immer mehr Einrichtungen sind daher bereit, die notwendige Mehrarbeit zu leisten. Suchen Sie gezielt nach solchen. Wichtig ist allerdings auch hier, dass Ihr Hund sich mit fremden Menschen und Tieren verträgt und möglichst gut erzogen ist.

Mit Gassi-Service

Im Falle einer Krankheit oder falls Sie eines Tages nicht mehr so gut „zu Fuß“ sind, könnte Ihnen ein Ausführdienst gute Dienste leisten. In vielen Städten gibt es heutzutage professionelle „Gassigeher“, die Hunde gegen eine Gebühr zu Spaziergängen oder zum Spiel mit anderen Hunden abholen. Adressen bekommen Sie aus dem Telefonbuch, von Tierärzten, Hundeschulen oder anderen Hundehaltern. Hören Sie sich bei der Gelegenheit auch gleich um, ob der Betreuer einen guten Ruf hat. Am besten ist es natürlich, wenn Ihr Hund gelegentlich auch ohne Not vom „Gassigeher" betreut wird, damit Hund und Betreuungsperson sich schon kennenlernen können. Freut sich Ihr Hund „ein Loch in den Bauch", wenn der Mensch vom Ausführdienst kommt, seien Sie nicht eifersüchtig, sondern freuen sich mit ihm. Sollten Sie plötzlich krank werden, wissen Sie, an wen Sie sich wenden können und dass Ihr Hund keinen zusätzlichen Stress erleiden muss.

Viele Jugendliche, die keinen Hund halten dürfen, helfen gern beim Ausführen.

Private Betreuung

Oft findet sich auch eine Betreuungsmöglichkeit im privaten Bereich. Vielleicht wohnt ein Verwandter in Ihrer Nähe oder Sie finden einen tierlieben und verantwortlich handelnden Jugendlichen, der Ihren Hund für ein kleines Taschengeld gelegentlich ausführt. Oder ein anderer Hundebesitzer ist bereit, Ihren Hund mitzunehmen, wenn er mit seinem eigenen Hund spazieren geht. Wenn dazu die Gelegenheit besteht, sollten Sie die Kontakte pflegen. Doch bei allem guten Willen kann man sich auf solche Angebote nicht sicher verlassen, da auch dem hilfsbereitesten Mitmenschen etwas dazwischenkommen kann oder er womöglich merkt, dass er sich mit dem Versprechen zu viel zugemutet hat. Ein Ausführ-Service kostet natürlich mehr, doch dafür sind Sie ein zahlender Kunde und können gewisse Ansprüche stellen.

Versicherungsschutz

Tipp

Bei privater Betreuung sollte vorsichtshalber die Versicherungsfrage geklärt werden – erkundigen Sie sich bei Ihrem Versicherer, in welchem Umfang die Risiken abgedeckt sind, wenn z. B. die Nachbarstochter Ihren Hund ausführt.

Tagesbetreuung dringend gesucht!

Alternativen zum eigenen Hund

Auch wenn für Sie ein eigener Hund nicht mehr infrage kommt, gibt es verschiedene Möglichkeiten, Kontakt zu Hunden zu haben. Sie könnten sich z. B. stundenweise um einen Hund kümmern. Es kann dennoch eine große Hilfe sein, auch wenn Sie nicht mit ihm spazieren gehen können. Viele Berufstätige sind dankbar, wenn ihr Hund tagsüber nicht allein in der Wohnung bleiben muss, sondern Gesellschaft und Ansprache hat. Manchmal leidet ein Hund auch unter so starker Trennungsangst, dass sein Besitzer ihn abgeben muss, falls er keine Betreuung findet. Auch für den Fall, dass ein Hundehalter ins Krankenhaus kommt oder sich aus anderen Gründen vorübergehend nicht um seinen Hund kümmern kann, könnten Sie der rettende Engel sein. Falls Sie sich als „Hundesitter" zur Verfügung stellen wollen, achten Sie auf entsprechende Aushänge bei Supermärkten, Tierärzten, Hundesalons, Zoogeschäften, Tierheimen oder in Parks, in denen viele Hunde ausgeführt werden. Natürlich können Sie auch selbst einen Aushang machen. Wenn Sie einen Pflegehund finden, respektieren Sie bitte die Wünsche seines Besitzers bezüglich seiner Erziehung und Pflege. Ein häufiges Problem besteht z. B. darin, dass der Hund überfüttert wird, sodass der Besitzer schließlich gezwungen ist, eine andere Bleibe für ihn zu suchen. Drücken Sie Ihre Zuneigung also bitte nicht durch eine doppelte Ration aus.

Tipp Besuchshunde

Wenn Sie sich eine stundenweise Betreuung eines Hundes nicht mehr zutrauen, können Sie sich immerhin von einem Hund und seinem Besitzer besuchen lassen. In ganz Deutschland gibt es inzwischen Hundehalter, die auf Wunsch mit ihren Hunden ehrenamtlich ältere Menschen und Pflegeheime besuchen. Fragen Sie doch einmal bei den Hundevereinen und Hundeschulen in Ihrer Nähe nach einem solchen Service.

Welcher Hund passt zu mir?

Wir möchten Ihnen nicht die Mühe abnehmen, selbst eine gute Entscheidung zu treffen. Das geht auch gar nicht, denn Sie sollen sich mit Ihrer Wahl wohlfühlen. Schließlich wohnt der neue Hausgenosse zehn Jahre oder länger bei Ihnen. Da ist es bestimmt keine gute Idee, sich nur auf die Ratschläge von Außenstehenden zu verlassen. Außerdem gibt es „den idealen Hund" für alle gar nicht, da jeder andere Bedürfnisse und Möglichkeiten hat. Unser Anliegen ist es eher, Ihnen aus unserer Erfahrung heraus Denkanstöße zu geben, welche Punkte vor einer Entscheidung bedacht werden müssen.

Alter und Rasse

Zwei wichtige Punkte sollten im Vorfeld geklärt werden, und zwar haben Sie zum einen die Wahl zwischen Hunden in verschiedenen Altersstufen und zum andern gibt es eine breite Vielfalt von Hunderassen mit bestimmten Eigenschaften. Sie sollten einen Hundetyp wählen, der möglichst ideal zu Ihrem Lebensstil passt. Demgegenüber ist das Aussehen Ihres neuen Hausgenossen eher zweitrangig.

Die Frage des Alters

Die Entscheidung, in welchem Alter Ihr Hund zu Ihnen kommt, hängt im Normalfall mit Ihren bisherigen Erfahrungen in der Hundehaltung zusammen. Hatten Sie früher schon Hunde und haben Sie diese immer schon als Welpen ins Haus geholt, wird Ihr Wunsch nach einem achtwöchigen Wollknäuel vermutlich auch jetzt an erster Stelle stehen und mit Ihren Erfahrungen dürfen Sie sich die Welpenerziehung auch eher zutrauen als ein völliger Hunde-Neuling. Wenn Sie früher immer erwachsene Hunde übernommen haben, werden Sie auch jetzt wahrscheinlich als Erstes über diese Variante nachdenken. Wenn Sie Neuling auf dem Gebiet der Hundehaltung sind, sollten Sie wohl eher die zweite Variante in Erwägung ziehen.

Das Für und Wider eines Welpen

Welpe oder erwachsener Hund? Das will gut überlegt sein.

Bevor Sie sich für einen Welpen entscheiden, sollten Sie Folgendes bedenken: Welpen sind schrecklich niedlich und einen jungen Hund heranwachsen zu sehen, ist etwas sehr Schönes, gar keine Frage. Aber im Heranwachsen liegt eben auch das

Problempotenzial. Gerade die Welpenerziehung ist mit häufigem Bücken verbunden. Fühlen Sie sich wirklich noch fit genug, um immer mal wieder in der hintersten Ecke eine Pfütze aufzuwischen oder die Fetzen eines von spitzen Welpenzähnchen zerlegten Gegenstandes aufzuheben?
Einen Welpen müssen Sie noch relativ viel tragen, z. B. die Treppen hinauf oder herunter und zum Gassigehen in den Garten, und zwar anfangs sehr häufig. Leben Sie so, dass die Erziehung zur Stubenreinheit gut zu bewältigen ist, da Sie ebenerdig wohnen und vielleicht sogar einen Garten zur Verfügung haben? Oder müssen Sie sich jedes Mal anziehen und hinunter auf die Straße gehen – und zwar anfangs alle zwei Stunden und vielleicht sogar mal mitten in der Nacht und bei Regen?

Wären Sie noch flink genug, ihm die Beute abzujagen?

Wendigkeit für Wirbelwinde

Auch sonst müssen Sie für die Erziehung eines jungen Hundes eine gewisse Geschwindigkeit und Wendigkeit aufbringen, z. B. um Ihrem kleinen Wildfang gelegentlich eine Beute (beispielsweise das Telefon oder eine Fernbedienung) abzujagen. Ein Welpe wird auch Ihre Einrichtung mehr strapazieren als ein erwachsener Hund. Ganz ohne Verluste geht die Welpenzeit eines Hundes nämlich gewöhnlich nicht ab. Sind Sie also bereit, das eine oder andere Möbelstück leiden zu sehen und können Sie mit dem Gedanken leben, dass einer Ihrer Teppiche ruiniert wird?

Junge Hunde brauchen viel Bewegung.

Unter Gleichaltrigen kann man den Bewegungsdrang am besten ausleben.

Erhöhter Bewegungsdrang

Zusätzlich sei hier noch vor der überschäumenden Lebensfreude und dem Bewegungsdrang eines „halbstarken" jungen Hundes gewarnt. Diese Zeit (etwa zwischen sechs und achtzehn Monaten) ist häufig nicht nur nervlich, sondern auch körperlich sehr anstrengend. Natürlich ist die Lebensfreude eines vor Energie strotzenden Junghundes ansteckend und strapaziert oft genug die Lachmuskeln. Aber ein Hund, der Sie aus purem Übermut mal kurz, aber heftig anspringt oder mit vollem Schwung in die Leine springt, weil da vorn plötzlich sein bester Kumpel aufgetaucht ist, braucht eben auch einen Zweibeiner, der diesen überschwänglichen Körpereinsatz bändigen kann und nicht durch solch ungestümes Verhalten zu Fall gebracht wird.

Das Für und Wider eines erwachsenen Hundes

Bevor Sie sich für einen erwachsenen Hund entscheiden, denken Sie bitte daran: Erwachsene Hunde sind keine unbeschriebenen Blätter. Je mehr man über die Vorgeschichte weiß, umso leichter fällt eine Prognose, ob der Kandidat in Ihre engere Wahl kommen kann. Wenn der Hund direkt aus einem anderen Haushalt übernommen wird und der Vorbesitzer Ihnen gegenüber ehrlich ist, was die bisherigen Marotten des Hundes betrifft, wissen Sie ziemlich genau, was Sie erwartet. Vor Überraschungen ist man aber dennoch nie gefeit, zumal manche Menschen, die einen Hund abgeben müssen oder wollen, wohlweislich einige seiner negativen Seiten verschweigen.

Schon ausgewachsen

Was sich bei einem ausgewachsenen Exemplar zweifelsfrei beurteilen lässt, ist die Größe und das Gewicht Ihres neuen Hundes. Auch sind Sie um die anstrengende Zeit der Pubertät mit all den damit verbundenen Aufregungen herumgekommen und haben nun schon einen „fertigen“ Hund vor sich. Im Allgemeinen gilt, je jünger der Kandidat, umso länger werden Sie ihn voraussichtlich bei sich haben können, aber umso mehr grundsätzliche Erziehungsarbeit werden Sie leisten müssen. Von einem erwachsenen Hund sollte man übrigens erst ab einem Alter von zweieinhalb Jahren aufwärts sprechen. Erst dann ist er im Typ so weit gefestigt, dass es möglich ist, von seinem jetzigen Verhalten auf die Zukunft zu schließen.

Ein erwachsener Hund ist in seinem Verhalten gefestigt …

Eingefahrene Eigenschaften

Bei älteren Hunden ist – ähnlich wie bei Menschen – schon vieles eingefahren und man kann sich recht gut darauf verlassen, dass entscheidende Eigenschaften in der neuen Heimat beibehalten werden. Wenn z. B. ein siebenjähriger Hund vorbildlich an der Leine geht oder bisher keine Jagdinteressen hatte, können Sie davon ausgehen, dass es so bleiben wird. Aber wenn ein Hund sieben Jahre lang Katzen anbellt und sie „zum Fressen gern“ hat oder aggressiv reagiert, wenn man ihm die Pfoten abputzen will, wird er eben auch dieses Verhalten voraussichtlich in seiner neuen Umgebung hartnäckig beibehalten.

… und hat mehr oder weniger liebenswerte Marotten.

Viele Graubärte im Tierheim würden sich über ein Zuhause freuen.

Alte Hunde

Andererseits ist ein alter Hund sehr genügsam, was sein Bedürfnis nach Bewegung und Beschäftigung betrifft, und kann einem dennoch Gesellschaft leisten und viel Freude bereiten. Und alte Hunde sind schwer zu vermitteln. Die Tierschutzvereine – und natürlich auch die Hundesenioren – freuen sich daher sehr, wenn sie Menschen finden, die einem alten Hund noch einmal ein endgültiges Zuhause geben oder sich als Pflegestelle zur Verfügung stellen.

Die Wahl der Rasse

Boxer sind nun einmal besonders stark und lebhaft.

Wenn Sie bereits Erfahrungen in der Hundehaltung haben, müssen Sie sich zunächst einer eventuell etwas unangenehmen Frage stellen. Nämlich der Frage, ob es vernünftig ist, sich auch im Alter wieder einen Hund Ihrer Lieblingsrasse anzuschaffen, die Sie vielleicht Ihr Leben lang gehalten haben. Wir verstehen natürlich, dass man sich im Laufe seines Lebens auf eine ganz bestimmte Rasse festlegen kann und sehr an dieser hängt. Aber Sie müssen sich ernsthaft fragen, ob Ihr Alltag immer noch zu den Ansprüchen eines solchen Hundes passt. Bestimmt erinnern Sie sich an viele gute Erfahrungen, die Sie mit dieser Rasse gemacht haben. Doch manchmal sind es die Erinnerungen, die einem einen Streich spielen.

Viele Jahre durch dick und dünn

Nehmen wir einmal an, Sie hatten einen Boxer, der vierzehn Jahre lang mit Ihnen durch dick und dünn gegangen ist. Es ist verständlich, dass Sie nun wieder darüber nachdenken, sich einen Boxer zu kaufen. Aber lassen Sie sich nicht davon täuschen, wie ruhig und brav Ihr alter Hund in den letzten Jahren war. Wissen Sie noch, wie anstrengend er in den ersten Lebensjahren war? Erinnern Sie sich noch, wie oft Sie sich für ihn entschuldigen mussten, weil er so ungestüm war und in seinem Überschwang fremde Menschen angesprungen hat? Erinnern Sie sich noch daran, wie oft Sie mit dem Hund zur Hundeschule gegangen sind, bevor er anfing „vernünftig“ zu werden? Und dass es schon damals Situationen gab, in denen Sie ihn kaum halten konnten, weil er einfach zu stark war? Überlegen Sie auch, wer Ihrem vorigen Hund vor dreizehn Jahren Bewegung verschafft und mit ihm getobt hat. Sind Sie heutzutage immer noch fit genug für wilde Spiele und ausgiebiges Jogging und haben Sie immer noch Lust dazu?

Selbstkritische Fragen

Auch wenn Sie schon Hunde gehabt haben, sollten Sie die Suche nach einem neuen Begleiter für Ihre „besten Jahre“ ebenso vorurteilsfrei angehen wie Ersthundehalter. Betrachten Sic Ihre eigene Lebenssituation genau, ehe Sie sich einen Hund zulegen. Um den richtigen Hundetyp für sich zu finden, sollten Sie folgende Punkte klären:

Ein solches Energiebündel würde Ihre Kräfte heutzutage vielleicht überfordern.

Gesellige Menschen

Sind Sie ein geselliger Typ und bekommen Sie viel Besuch? Dann brauchen Sie einen freundlichen Hund, der kein ausgeprägtes Territorialverhalten aufweist. Schließlich wollen Sie nicht, dass er Ihre Besucher übermäßig anbellt oder gar strammstehen lässt. Da Menschen vor großen Hunden eher Angst haben als vor kleinen ist ein nicht allzu großer Hund vermutlich günstiger, vor allem wenn Sie gern ausgehen und den Hund mitnehmen wollen. Hunde für gesellige Menschen sollten natürlich menschenfreundlich sein. Vielleicht fahren Sie mit einem etwas reservierteren und zurückhaltenderen Hundetyp sogar besser als mit einem aufdringlich-freundlichen Hund, der gleich die ganze Welt umarmen will. Denn nicht jeder Besucher mag es, wenn er dauernd angestupst, beleckt und zum Streicheln aufgefordert wird.

Enkel

Haben Sie Enkelkinder? In dem Fall sollten Sie darauf achten, dass Ihr Hausgenosse gut mit Kindern auskommt. Das liegt allerdings weniger an seiner Rasse als an seiner Aufzucht und an seinen bisherigen Erfahrungen (siehe auch Seite 31). Vor allem, wenn Ihre Enkelkinder noch sehr klein sind, sollte Ihr Hund besser keiner ganz zarten Zwergrasse angehören, sondern ein bisschen robuster sein. Bedenken Sie auch, dass die Kinder

Kinderfreundlichkeit ist keine Rasseeigenschaft, sondern eine Frage der Vorerfahrung.

Wenn Sie gern reisen, ist ein kleiner Hund viel praktischer.

sich oft sehr freuen, wenn Sie den Hund später an der Leine führen dürfen und Sie vielleicht sogar (wenn sie alt genug sind) Ihren Hund gelegentlich für Sie ausführen könnten. Deshalb ist ein zu großer, starker Hund auch nicht das Richtige.

Reiselustig

Sind Sie eher der aktive Mensch, der viel unterwegs ist und die Freiheit des Rentenalters gern zum Reisen nutzt? Dann brauchen Sie normalerweise einen kleinen, menschenfreundlichen Hund. Ein kleiner Hund nimmt viel weniger Platz weg und kann Sie ohne zusätzliche Kosten als „Handgepäck" begleiten. Bei einem Flug darf er in einer Hundebox mit Ihnen im Passagierraum reisen. Auch das Gassigehen in fremder Umgebung und ein eventuell nötiges Entfernen eines kleinen Malheurs vom Bürgersteig ist einfacher, wenn es sich um einen kleinen Hund handelt.

Die Wohnlage

Haben Sie ein eigenes Haus mit Garten und wohnen vielleicht auf dem Lande? Sind Sie gern zu Hause und kümmern sich lieber um Ihren Garten und Ihre anderen Hobbys? Dann darf Ihr Hund gegebenenfalls auch etwas größer sein und es ist vielleicht sogar erwünscht, dass er sich bis zu einem gewissen Grad als Wachhund betätigt.
Leben Sie in einer Mietwohnung und vielleicht in der Stadt? Dann müssen Sie zuerst abklären, ob die Hundehaltung überhaupt gestattet ist. Geht alles klar, fahren Sie vermutlich mit einem kleinen Vierbeiner besser. Außerdem sollten Sie sich lieber keine bellfreudige Rasse anschaffen und auch Abstand von einem territorial veranlagten Hund nehmen, der vielleicht beginnt, auch den Hausflur und den Eingangsbereich als „sein Revier" zu betrachten und zu verteidigen.

Für Gartenbesitzer kommt schon eher ein größeres Exemplar infrage.

Hier scheint der Bewegungsdrang von Hund und Herr übereinzustimmen.

Sportliche Typen oder geringes Bewegungsbedürfnis

Sind Sie ein sportlicher Typ? Wenn Sie sich gern und viel bewegen, vielleicht noch joggen oder Fahrrad fahren und davon ausgehen können, dass dies auch die nächsten Jahre so bleiben wird, kommt ein lauffreudiger Hund infrage, der Sie bei stundenlangen Wanderungen begleitet. Von einem eher bequemen Hund wären Sie sicher enttäuscht. Ist Ihr Bewegungsbedürfnis jedoch eher gemäßigt oder eingeschränkt, sollten Sie entweder einen Hund wählen, der weniger Bewegung braucht oder einen sehr kleinen, der sich auch mal auf relativ kleinem Raum austoben kann.

Auslaufmöglichkeiten

Wo und wie gehen Sie mit Ihrem Hund spazieren? Wenn man oft genug hinausgeht und einen etwas größeren Aufwand betreibt, kann man einen Hund auch in einer Stadtwohnung artgerecht halten. Prüfen Sie Ihr Umfeld vorab auf Hundetauglichkeit. Haben Sie in unmittelbarer Nähe Orte, an denen Sie mit Ihrem Hund schnell mal Gassi gehen können, ohne dass es stört? Gibt es in gut erreichbarer Entfernung Spazier- und Auslaufgebiete oder müssen Sie jedes Mal ins Grüne fahren? Überlegen Sie auch, ob Sie in Ihrem Wohnumfeld viele Hunde treffen. Wenn Sie auf städtische Parks angewiesen sind, könnte das Spazierengehen mit einem Hund, der sich mit Artgenossen nicht verträgt oder rennende Kinder und Radfahrer verfolgt, zum Spießrutenlaufen werden. Wohnen Sie ländlich und etwas einsam, ist es gegebenenfalls möglich, einen Hund zu nehmen, der in dieser Hinsicht nicht völlig unproblematisch ist.

Vorsicht, Wild!

Schließlich sollten Sie Ihr Wohnumfeld auch einer kritischen Prüfung in Bezug auf das Wildvorkommen unterziehen. Hierbei sind auch Ihre eigenen Erwartungen an den Hund wichtig. Sollte Ihr Bild von der Hundehaltung nur dann in Ordnung sein, wenn Ihr Hund möglichst immer ohne Leine laufen darf, kommt eine Rasse mit Jagdtrieb in einem wildreichen Gebiet nicht infrage. Wenn Sie jedoch kein Problem damit haben, dass Ihr Hund in Feld und Wald fast immer an der Leine sein muss, können Sie auch eine der vielen liebenswerten Rassen mit Jagdtrieb in Erwägung ziehen.

Rhodesian Ridgebacks können einen starken Jagdtrieb entwickeln.

Die Wasserfreude der Retriever macht vor keiner Pfütze Halt.

Rassebedingte Marotten

Mit welcher Marotte können Sie leben? Viele Rassen haben aufgrund ihrer Geschichte und ihrer ursprünglichen Verwendung ganz bestimmte Vorlieben und Eigenschaften, mit denen Sie als Hundehalter zurechtkommen müssen und aus denen ein gewisses Problempotenzial erwachsen kann. Neben dem Jagdtrieb oder dem Territorialverhalten sei hier als Beispiel die Bellfreudigkeit genannt. Wenn Ihnen Hundegebell furchtbar auf die Nerven geht, sollten Sie sich nicht gerade eine Rasse anschaffen, die besonders gern bellt.

Das Merkmal „buddelt fanatisch“ ist in keiner Rassebeschreibung zu finden.

Zwischen den Zeilen

Das Problem ist, dass solche „Macken“, die jede Rasse hat, oft nicht oder nur am Rande erwähnt werden, wenn man sich nach einer Hunderasse erkundigt. Denn von eingefleischten Liebhabern der Rasse werden sie naturgemäß oft nicht als störend und deshalb manchmal gar nicht als erwähnenswert empfunden. Lesen Sie deshalb Rassebeschreibungen ebenso kritisch und mit einem Blick auf das, was zwischen den Zeilen gesagt wird, wie Arbeitszeugnisse. Sehr aufschlussreich sind auch Diskussionsforen im Internet über bestimmte Rassen, da Sie dort mitbekommen, welche Probleme und Fragen die Halter dieser Hunde haben.

Wanderungen mit Rasseclubs

Eine besonders gute Gelegenheit, mehr über Ihre Wunschrasse zu erfahren, sind Wanderungen oder sonstige Treffen des betreffenden Rasseclubs. Hier können Sie ungezwungen mit erfahrenen Hundehaltern dieser Rasse sprechen und bekommen vielleicht noch das eine oder andere Detail, das in keinem Buch steht. Achten Sie mit offenen Augen und Ohren auf das Verhalten der Hunde und auf das, was Ihre Besitzer sich untereinander erzählen. Fällt Ihnen auf, dass fast alle Hunde an der Leine ziehen, bellen oder im Freilauf in eine wahre Buddelmanie verfallen und nicht mehr ansprechbar sind? Glauben Sie uns – das liegt nicht daran, dass alle anwesenden Besitzer unfähige Hundeerzieher wären. Es liegt ganz sicher zu einem überwiegenden Teil an den speziellen Eigenschaften dieser Rasse. Und wenn es Sie sehr stört, was Sie da sehen, dann sollten Sie Ihre Wahl vielleicht noch einmal überdenken.

Diese Dame kann Ihnen sicher viel über Berner Sennenhunde erzählen.

Hier hat offensichtlich ein Schäferhund mitgemischt.

Kunterbunte Mischlinge

Neben all den Rassehunden gibt es natürlich auch noch eine schier unüberschaubare Vielfalt von Mischlingen. Doch Mix ist nicht gleich Mix. Mischlinge haben, genau wie Rassehunde, bestimmte ererbte Eigenschaften. Wenn Sie also wissen wollen, was voraussichtlich aus den niedlichen kleinen Welpen einmal werden wird, gilt es, vor allem die Eltern zu beobachten. Ist bekannt, dass Ihr Wunschkandidat aus zwei oder drei Rassen gemischt ist, informieren Sie sich über diese Rassen. Andernfalls bleibt nur der direkte Blick auf die Elterntiere, wobei man sich meist nur von der Mutterhündin ein Bild machen kann, denn der Vater ist oftmals unbekannt. Somit birgt die Anschaffung eines Mischlingswelpen wesentlich mehr Überraschungen als der Kauf eines Rassehundes.

Größe des Hundes

Kennen Sie den Papillon? Ein bezaubernder, sehr kleiner und leichter Hund, beweglich, gelehrig und immer zu Späßen bereit. Der eine oder andere von Ihnen wird jetzt vielleicht sagen: „Das ist doch kein richtiger Hund, ein richtiger Hund fängt für mich

Der Chihuahua – eine echte Persönlichkeit im Taschenformat.

Möpse sind Gute-Laune-Hunde, schnarchen allerdings furchtbar.

erst bei ... Zentimetern an." Wenn Sie dieser Meinung sind, möchten wir Sie bitten, noch einmal zu überlegen, ob ein bisschen weniger Größe und Gewicht nicht auch Vorteile haben könnte. Auch kleine Hunde sind tolle Hunde. Persönlichkeit hat nichts mit Größe zu tun. Und von vielen beliebten Hundetypen gibt es sozusagen Kleinausgaben, die ihnen im Wesen in nichts nachstehen, wic z. B. Zwergschnauzer statt Riesenschnauzer, Mops oder Boston Terrier statt Boxer oder Schipperke statt Schäferhund.

Kleine Hunde haben große Vorteile.

Vorteile kleiner Hunderassen

Kleinhunde haben viele Vorteile. Sie brauchen weniger Platz und proportional weniger Bewegung. Sie sind kostensparend, da sie weniger Futter und im Falle einer Krankheit kleinere Medikamentendosen brauchen. Ihre Hinterlassenschaften sind leichter und angenehmer zu entsorgen und man kann ihnen gegebenenfalls sogar mal für Notfälle eine „Toilette" auf dem Balkon einrichten. Einen kleinen Hund kann man auf dem Schoß oder in einer Reisebox problemlos in öffentlichen Verkehrsmitteln mitnehmen. Man kann ihn leicht hochheben und kommt nicht gleich in Not, wenn er mal in die Leine springen sollte. Und ganz wichtig: Sie erwecken bei den meisten Menschen Sympathie. Einem kleinen Hund verzeiht man manche kleine Ungezogenheit, wie z. B. das Anbellen oder Anspringen von Passanten. Macht das ein Großer, wird man als Halter wüst beschimpft.

Vorsicht – auch dies ist ein Hund und keine Puppe!

Bei kleinen Hunden lachen die meisten Leute darüber. Ein kleiner Hund wird auch viel eher von Mitmenschen akzeptiert, die Angst vor Hunden haben oder Hunde nicht besonders mögen. Und man kann ihn, falls jemand wirklich Anstoß nimmt, gegebenenfalls bei einem Besuch auch mal in seiner Transportbox lassen.

Fellbeschaffenheit

Welche Fellart und welches Aussehen bevorzugen Sie? Kurzhaarige Hunde brauchen praktisch keine Pflege (außer vielleicht im Haarwechsel) und tragen weniger Schmutz herein als lang- oder rauhaarige. Dafür pieksen sich die kurzen Haare in Polster und Teppiche und extrem kurzhaarige Hunde ohne Unterwolle können im Winter im Freien durchaus frieren. Langes Fell sieht schön aus, ist aber mehr oder weniger pflegeintensiv und ein echter Schmutzfänger. Rauhaarige Hunde (z. B. Cairnterrier oder Rauhaardackel) oder Rassen, die geschoren werden müssen (z. B. Pudel oder Löwchen), verursachen ab und zu Kosten beim

Pudel können eine ganz normale „Frisur“ haben.

Kurze Haare sind leicht sauberzuhalten, verteilen sich aber überall.

Hundefriseur, verlieren aber dafür kaum Haare. Lassen Sie sich von modischen Hundefrisuren nicht irritieren. Sie können einen Pudel auch einfach gleichmäßig kurz scheren lassen, wenn Sie Pompons am Hinterteil affig finden. Und es ist auch kein Verbrechen, manchen langhaarigen, ansonsten sehr pflegeaufwendigen Hund ein- oder zweimal im Jahr scheren zu lassen, damit es Zwei- und Vierbeiner leichter haben.

Die Form der Schnauze

Was den Körperbau betrifft, denken Sie vor allem an die Schnauzenform. Extrem kurznasige Hunde schnarchen nämlich laut und hecheln viel und geräuschvoll. Und Hunde mit reichlich Belefzung können leicht einmal sabbern und Spuckefäden an Ihrer Kleidung hinterlassen.

Geschmackssache

Letztendlich ist die Bevorzugung einer bestimmten Rasse beziehungsweise eines bestimmten Hundetyps stark vom eigenen Geschmack abhängig. Es gibt Hunde mit tollen Eigenschaften, die trotzdem niemals in die engere Wahl kommen, denn sie gefallen einem einfach nicht. Natürlich sollen Sie Ihren neuen Hausgenossen auch gern anschauen. Auf der anderen Seite hat man gewöhnlich schon nach Tagen vergessen, dass der Welpe eine andere Farbe hat als die, die man eigentlich wollte und findet diese Farbe nun besonders schön. Legen Sie sich daher bitte nicht zu sehr auf Äußerlichkeiten fest.

Wo man Hunde kaufen kann

Nachdem Sie alle Fragen sorgsam in Ihrem Herzen bewegt, sich die entsprechenden Informationen besorgt und einige Nächte darüber geschlafen haben, gibt es vielleicht nur noch wenige Rassen, die für Sie in die engere Wahl kommen. Auch wenn Sie einen bestimmten Mischling im Auge haben oder sich nach einem umsehen wollen, haben Sie vermutlich eine genauere Vorstellung davon, ob dieser Typ in Ihr Leben passen könnte. Den Rest dürfen Sie nun entweder dem Zufall überlassen oder der Frage, ob und wo Sie einen seriösen Züchter finden, der bald Welpen hat.

Ein Rassehund

Adressen von Züchtern bekommen Sie über den VDH (siehe Anhang), bei Ausstellungen oder von zufriedenen Besitzern dieser Rasse. Es gibt einige ganz klare Kriterien, die einen guten Züchter ausmachen.

Bei einem Rassehund stehen zumindest Aussehen und Größe fest.

Was einen guten Züchter ausmacht

Info

- Er züchtet tatsächlich selbst und handelt nicht nur mit Hunden.
- Er hat im Normalfall nur ein bis zwei aktive Zuchthündinnen und züchtet auch nicht mehrere Rassen gleichzeitig.
- Er kann Ihnen stundenlang, wenn es sein muss auch tagelang, etwas über seine Hunde und die von ihm gezüchtete Rasse erzählen und beantwortet gern all Ihre Fragen. Er spricht auch offen über die kleinen „Macken" seiner Rasse und rät in begründeten Fällen sogar vom Kauf eines Hundes dieser Rasse ab.
- Er tut alles, damit seine Welpen einen möglichst optimalen Start ins Leben bekommen. Das heißt, er gewöhnt sie schon in den ersten wichtigen Wochen an viele verschiedene Menschen, an verschiedene Umgebungen und Umweltreize und macht schon jetzt erste Autofahrten und kleine „Abenteuerspaziergänge" mit ihnen. Im Idealfall nimmt er jeden Welpen sogar hin und wieder einzeln aus dem Wurf, um sich individuell ein paar Minuten mit ihm zu beschäftigen.
- Er gibt seine Welpen entweder schon mit acht bis zehn Wochen ab oder kümmert sich in der Zeit zwischen der achten Woche und dem Abgabetermin sehr intensiv um die Welpen, gewöhnt sie an Leine und Halsband, macht mit ihnen Ausflüge in die große weite Welt, besucht eine Welpengruppe etc.
- Er sollte Ihnen sympathisch sein. Denn erstens hat er vermutlich den passenden Hund für Sie, wenn Ihre Einstellungen einigermaßen übereinstimmen. Und zweitens werden Sie von ihm hoffentlich auch nach dem Welpenkauf noch eine Zeit lang gut betreut. Ein engagierter Züchter freut sich auch, wenn Sie von sich aus den Kontakt halten und gelegentlich berichten, wie es Ihrem Hund geht.

Welpen brauchen in der Prägungszeit engen Kontakt zu verschiedenen Menschen ...

... und Gelegenheit, die Umwelt zu erkunden.

Welpenprägung

Warum ist es so wichtig, wie und wo ein Welpe aufwächst? Hunde durchleben im Alter von drei bis acht Wochen die sogenannte Prägungszeit. Hier lernen Sie, wie ihre Umwelt beschaffen ist, wer Artgenosse ist und was allgemein zu ihrer Welt gehört. Wachsen sie in dieser Zeit ohne vielfältige Umweltreize und mit nur spärlichen Kontakten zu Menschen auf, werden sie zu unsicheren, scheuen und ängstlichen Hunden. Besonders wichtig ist der enge Kontakt zu vielen verschiedenen Personen (nicht nur zur Züchterfamilie!), damit der Hund Urvertrauen in Menschen entwickeln kann. Auch die Konfrontation mit immer neuen Eindrücken und Situationen ist in diesem Alter wichtig, denn das schult die Stressresistenz und lehrt den Hund, mit Neuem klarzukommen. Kommt dieser Aspekt in der Prägephase zu kurz, ist der Hund später nervös und erregbar. Auch die Zeit von der zwölften bis zur sechzehnten Woche ist noch ungeheuer wichtig. Danach ist das Zeitfenster endgültig geschlossen. Versäumtes kann kaum mehr nachgeholt werden.

Mischlingswelpen

Sie sind bei Mischlingen natürlich eher auf den Zufall angewiesen. Vergessen Sie aber nicht, dass eine gute Aufzucht im Sinne einer ordentlichen Prägung bei Mischlingen genauso wichtig ist wie bei Rassehunden. Ein Zufallswurf, der liebevoll in einer Familie betreut wird, bekommt gewöhnlich ganz nebenbei eine anständige Prägung mit auf den Weg, auch wenn dort niemand Fachbücher über Hundeaufzucht gelesen hat. Bei Welpen, die auf einem Bauernhof in einer Pferdebox aufgewachsen sind, sieht das unter Umständen ganz anders aus. Auch bei Welpen aus dem Tierschutz, vor allem aus dem Ausland, ist die Prägungszeit oft katastrophal verlaufen oder sie sind sogar richtiggehend traumatisiert, da sie z. B. im frühesten Welpenalter fast verhungert wären oder ausgesetzt wurden. Das heißt natürlich nicht, dass Sie einem solchen Welpen auf keinen Fall ein Zuhause geben sollten. Aber Sie müssen sich über das Risiko im Klaren sein und sich fragen, ob Sie später zurechtkommen, falls sich der Hund als ängstlich und schnell gestresst erweist. Auch Trennungsangst kommt bei Hunden mit mangelhafter Prägung gehäuft vor.

Der Passende aus einem Wurf

Innerhalb eines richtig aufgezogenen und einigermaßen ausgeglichenen Wurfes kann aus praktisch jedem Welpen ein guter Hund werden. Wenn Sie einen erfahrenen Züchter Ihres Vertrauens gefunden haben, wird er Sie gern und gut beraten, welcher der Welpen zu Ihnen passt. Ansonsten nehmen Sie sich etwas Zeit und beobachten die Welpen (wenn möglich bei mehreren Besuchen). Ein idealer Welpe ist sehr menschenbezogen und lässt sich problemlos hochnehmen und gern anfassen.

Unter günstigen Bedingungen aufgezogene Welpen werden leichter stubenrein.

Er ist neugierig und wird einen Schreck gut „verdauen“, er kann sich also schnell wieder beruhigen. Nehmen Sie Abstand von Extremen – nehmen Sie weder den Welpen, der deutlich träger oder zurückhaltender ist als seine Geschwister, noch den, der herausragend wild und aktiv ist. Unter den Welpen, die infrage kommen, gehen Sie dann einfach nach Sympathie. Oft sucht man sich mit dieser unwissenschaftlichen Methode den Typ Hund aus, der auch am besten zu einem passt.

Erwachsene Hunde

Es gibt viele erwachsene Hunde, die eine neue Heimat suchen. Sie finden sie über Kleinanzeigen in der örtlichen Presse, Aushänge bei Tierärzten, in Zoogeschäften oder Supermärkten oder im Tierheim. In den meisten Tierheimen kann man sich auch vormerken lassen, für den Fall, dass ein Hund zur Vermittlung steht, der zu einem passen würde. Viele Tierschutzorganisationen im In- und im Ausland haben heute Internet-Seiten, auf denen ganz unterschiedliche Hunde angeboten werden. Sollten Sie sich für einen bestimmten Rassetyp entschieden haben,

Hier stimmt offensichtlich die „Passung“ beider Teams.

Erwachsene Hunde sind manchmal aufgrund einer Scheidung abzugeben.

finden Sie höchstwahrscheinlich viele Informationen, wenn Sie im Internet den Namen der Rasse zusammen mit den Worten „Hilfe“ oder „in Not“ oder „Nothilfe“ als Suchbegriff eingeben. Oft bekommt man auf den entsprechenden Seiten auch gute Informationen, welche Ansprüche der einzelne Hund hat und für welche Lebensbedingungen er sich besonders empfiehlt. Auch manche Züchter haben gelegentlich aus den verschiedensten Gründen einen erwachsenen Hund aus ihrer Zucht abzugeben. Schließlich gibt es im Fernsehen einige Sendungen, bei denen Hunde vorgestellt werden, die zu vermitteln sind. In den meisten Hundezeitschriften findet man ebenfalls entsprechende Sparten.

Obwohl er so aussieht wie Ihr voriger Hund, kann er ganz anders sein.

Nehmen Sie sich Zeit

Für die Entscheidung, ob der ins Auge gefasste Hund tatsächlich der Richtige für Sie ist, sollten Sie sich ausreichend Zeit nehmen. Einen Hund spontan nur aufgrund eines Bildes und einer Beschreibung im Internet womöglich aus dem Ausland kommen zu lassen, kann zu einem bösen Erwachen führen. Wenn irgend möglich sollten Sie Ihren neuen Hausgenossen in spe persönlich kennenlernen, ehe Sie ihn zu sich nehmen. Natürlich sollte auf beiden Seiten Sympathie vorhanden sein.

Dieser Hund ist ganz sicher nicht abzugeben!

Aber beobachten Sie auch, wie der Hund mit seiner Umwelt umgeht. Versuchen Sie, so viel wie möglich über ihn in Erfahrung zu bringen. Wenn Sie unsicher sind, ist es eine gute Idee, einen erfahrenen Hundetrainer mitzunehmen, der sich das Tier genauer ansieht. Er ist weitaus eher in der Lage als ein Laie, versteckte Pferdefüße im Verhalten zu erkennen, und kann objektiv Rat geben, da er nicht persönlich in die Sache verstrickt ist.

Hunde von Privatpersonen

Sollten Sie einen Hund von einer Privatperson übernehmen, können Sie im Gespräch und bei gemeinsamen Spaziergängen Stück für Stück alle Informationen bekommen, die Sie benötigen, um eine Entscheidung zu treffen. Stellen Sie auch ruhig kritische Fragen und lesen Sie ein wenig zwischen den Zeilen. Gern genutzte Formulierungen wie: „Katzen mag er nicht so sehr" oder „Beim Fressen will er nicht gestört werden" können durchaus auf ein echtes Problem hindeuten. Fragen Sie nach, was das genau bedeutet und wie eine solche Situation voraussichtlich ausgehen würde, wenn man einmal nicht vorsichtig genug ist. Erkundigen Sie sich auch nach dem bisherigen Training, dass der Hund genossen hat. Welche Übungen beherrscht er und wo wurde er trainiert? Es ist bestimmt keine so schlechte Idee, den aktuellen Hundetrainer Ihres Kandidaten nach seinen Erfahrungen und Einschätzungen zu befragen.

Kennenlernzeit mit Rückgaberecht

Wenn alle Gespräche zufriedenstellend verlaufen sind, steht die Übernahme Ihres neuen Familienmitgliedes an. Vereinbaren Sie mit dem jetzigen Besitzer des Hundes eine Kennenlernzeit von mindestens vierzehn Tagen, damit Sie im Alltag beurteilen können, ob dieser Hund wirklich zu Ihnen passt. Wenn es in diesem Zeitraum Probleme gibt, haben Sie zur Not die Möglichkeit, den Hund wieder an seinen alten Wohnort zurückzugeben. Tierschutzvereine werden mit Ihnen ohnehin einen Schutzvertrag abschließen, der vorsieht, dass Sie den Hund an die Tierschutzorganisation zurückgeben müssen, falls es bei Ihnen nicht klappt.

Falls es Probleme gibt, zeigen sich diese oft erst nach einigen Wochen.

2

Generelles zu Haltung und Erziehung

Lernen aus Erfahrung

Hundeerziehung ist im Prinzip nicht besonders schwierig, da sie auf einigen wenigen, aber wichtigen Grundregeln beruht. Obwohl Hunde nach neueren wissenschaftlichen Erkenntnissen offenbar über mehr Kombinationsgabe verfügen, als man bisher glaubte, lernen sie doch – wie wir Menschen übrigens auch – vor allem durch Verknüpfungen und an den Folgen ihres Verhaltens, also aufgrund von Erfahrung.
Wenn ein Hund irgendetwas tut, hat das aus seiner Sicht immer irgendwelche unmittelbaren Folgen. Diese können angenehmer oder unangenehmer Natur sein und je nachdem, was von beiden zutrifft, wird der Hund entweder danach trachten, dieses Verhalten zu wiederholen oder zu unterlassen.

Was mag wohl in seinem Kopf vorgehen?

Erfahrungen mit der Keksdose

Stellen Sie sich vor, Ihr Hund ist allein zu Haus und langweilt sich. Er wandert in der Wohnung herum und stößt dabei auf den verführerischen Duft aus einer Keksdose, die auf dem Tisch steht. Er folgt dem Duft und stellt die Vorderpfoten auf den Tisch. Von dem, was in den nächsten Sekunden passiert, hängt ab, wie er sich zukünftig verhalten wird. Schiebt er die Dose bei seinen Versuchen außer Reichweite, war sein Verhalten erfolglos und die Wahrscheinlichkeit, dass er sich in entsprechenden Situationen wieder so verhält, wird geringer. Fällt ihm die Dose auf den Kopf und ist er ein eher schreckhafter Typ, wird er künftig die Pfoten vom Tisch lassen. Wenn er aber Glück hat und der Deckel nur lose aufliegt, bekommt er vielleicht einen Keks zu fassen. Oder die Dose fällt zwar herunter, geht jedoch dabei auf und ein Strom Kekse ergießt sich auf den Fußboden. Nach einem kurzen Schreckmoment fällt er begeistert über die Kekse her. In beiden Fällen würde der Hund sein Verhalten insgesamt als Erfolg betrachten. Damit steigt die Wahrscheinlichkeit beträchtlich, dass er in ähnlichen Situationen wieder auf den Tisch klettert.

Aus diesem Halsband ist er blitzschnell heraus!

Aus dem Halsband geschlüpft

Ein zweites Beispiel: Sie gehen mit Ihrem Hund an der Leine spazieren. Plötzlich taucht etwas auf, vor dem er sich erschreckt. Sagen wir, Ihr Nachbar schiebt mit Schwung seine klappernde Mülltonne aus der Hofeinfahrt. Ihr Hund springt rückwärts und versucht zu fliehen. Wenn nun sein Halsband zu weit ist und er herausschlüpft und schnell nach Hause in Sicherheit rennt, steigt die Wahrscheinlichkeit sehr, dass er auch künftig versuchen wird, sich in unangenehmen Situationen durch Rückwärtsziehen aus dem Halsband zu befreien. Hält das Halsband, verringert sich dagegen die Wahrscheinlichkeit für dieses Verhalten und Ihr Hund wird später höchstwahrscheinlich auch dann auf solche Eskapaden verzichten, wenn sein Halsband eigentlich weit genug wäre, um leicht herauszukommen.

Lückenlose Überwachung

An diesen Beispielen sieht man, wie wichtig es ist, die Lernerfahrungen eines Hundes möglichst so zu steuern, dass er sich die Dinge angewöhnt, die man gern bei ihm haben möchte, und die Dinge abgewöhnt, die man lästig oder unangenehm findet oder die sogar gefährlich wären.

Um das zu bewerkstelligen, ist es allerdings nötig, dass Sie Ihren Hund in der „Lehrzeit“ so lückenlos wie möglich beaufsichtigen und sich auch Kontrolle über seine Umgebung und damit über die Folgen seines Verhaltens verschaffen. Wenn er z. B. viel allein ist, solange er noch nicht gelernt hat, was man als Hund in der Wohnung tun darf und was nicht, haben Sie unter Umständen ein Problem, wie die Sache mit der Keksdose zeigt. Und auch wenn Ihre Nachbarin Ihren Hund streichelt und ihm Leckerchen zusteckt, während er sie anspringt, ist das gelinde gesagt Ihrem Ziel, dass Ihr Hund niemanden anspringen soll, nicht gerade förderlich. Diese lückenlose Kontrolle über einen gewissen Zeitraum ist das eigentlich Schwierige oder zumindest Anstrengende an der Hundeerziehung. Mit ein paar Tricks und etwas Köpfchen kann man sich und dem Hund jedoch manches erleichtern.

Bereits im zarten Alter von sechs Wochen wird gelernt, was das Zeug hält – auch Quatsch!

Lernen durch Verknüpfung

Auch die zweite Art zu lernen, derer Hunde sich bedienen, kennen wir aus eigenem Erleben: das Lernen über Verknüpfungen oder Assoziationen. Hierbei werden vor allem Emotionen mit Situationen oder auch mit ganz bestimmten einzelnen Sinnesreizen verknüpft.

Das Gelernte erhält dadurch eine gefühlsmäßige „Färbung", die wiederum das Handeln beeinflusst. Dies geschieht zum einen, indem solche Assoziationen angenehme oder unangenehme Gefühle wecken. Der Geruch einer Zahnarztpraxis ist z. B. für die meisten Menschen mit eher unangenehmen Gefühlen verknüpft, sodass man am liebsten beim Betreten der Praxis allein wegen des Geruchs den Rückwärtsgang einlegen würde. Hunde, die nicht über Vernunft verfügen, tun das ebenfalls. Andererseits können bestimmte Sinnesreize durch Verknüpfungen zu Auslösern für ein bestimmtes Verhalten werden, so wie man sich manchmal schon beinahe automatisch und ohne weiteres Nachdenken in Bewegung setzt, wenn die Fußgängerampel grün wird. Entsprechend läuft der Hund vor lauter Vorfreude zur Tür, wenn man die Leine vom Haken nimmt.

Durch Verknüpfung lernt der Hund: „Sitz" = hinsetzen.

Signale lernen

Aber auch das Lernen von Signalen („Kommandos") wie „Sitz" oder „Platz" folgt diesem Lernschema. Das heißt, der Hund lernt, sich auf „Sitz" zu setzen, indem man das Wort immer wieder in Verbindung mit seinem Verhalten ausspricht. Vom zeitlichen Ablauf her wird das Signal dabei am besten gegeben, kurz bevor der Hund das Verhalten ausführt oder spätestens dann, wenn er gerade dazu ansetzt. Wird er zudem oft belohnt, wenn er richtig reagiert, assoziiert er positive Gefühle mit dem Signal „Sitz" und der ganzen Trainingssituation und ist dann besonders bereitwillig, das mit dem Signal verknüpfte, vom Besitzer erwünschte Verhalten auszuführen.

Erziehung über positive Verstärkung ist für beide Partner lohnend.

Positive Verstärkung ist besser

Natürlich lernen Hunde auch – wie oben beschrieben – über unangenehme Einwirkungen. Und viele Menschen sind insgeheim fest davon überzeugt, dass das Lernen über Belohnung (positive Verstärkung) zwar vielleicht „netter" ist, doch das Lernen über Zwang, „Druck" und Strafe im Grunde die besseren Ergebnisse bringt. Dem liegt die Vorstellung zugrunde, der Hund würde etwas, das er „nach dem Lustprinzip" gelernt hat, später auch nur nach Lust und Laune ausführen. Um wirklich zuverlässigen Gehorsam zu bekommen, müsse man dem Hund demnach im Laufe der Ausbildung mehr oder minder drastisch klarmachen, dass er keine Wahl habe, als das zu tun, was sein Mensch will.

Von Schweinehunden

Auf den ersten Blick klingt diese Erklärung logisch, kennt man es doch von sich selbst, dass man manchmal seinem inneren Schweinehund nur unter einem gewissen Druck von außen widersteht. Doch funktioniert Strafe und Zwang wirklich immer besser als das Belohnungsprinzip? Wie zuverlässig und bereitwillig halten wir uns z. B. an Geschwindigkeitsübertretungen?

Achten Sie einmal darauf, welcher Hund besser gehorcht. Wirklich der, dessen Besitzer „Druck“ macht...

Wie oft parken wir im Halteverbot, geben die Steuererklärung verspätet ab oder mogeln sogar „ein ganz klein wenig“ bei den Angaben? Und dabei sind wir Menschen doch intelligenter als Hunde, haben im Gegensatz zu diesen Pflichtgefühl und Moral und überschauen die Folgen, die unser Verhalten für die Zukunft haben könnte.

Dienst nach Vorschrift

Nun, Hunde reagieren auf Zwang und Strafandrohungen ganz ähnlich wie wir. Sie tun zwar, was man von ihnen verlangt, aber eher widerwillig und lustlos. Zudem machen sie, wie wir unter solchen Bedingungen, meist eher „Dienst nach Vorschrift“, d.h. sie gehorchen nur so lange, wie man direkte Kontrolle über sie hat. Sobald sich eine Gelegenheit ergibt, machen sie, was sie wollen und versuchen sogar, uns Menschen auszutricksen. Von der Leine gelassen hört so ein Hund dann plötzlich nicht mehr auf Ruf, sondern stellt sich taub und geht seinen eigenen Vergnügungen nach. Er sucht auch nach Wegen, einer Strafe zu entgehen und dennoch das zu tun, was er will. Manchmal nehmen Hunde eine Strafe sogar „bewusst“ in Kauf oder gehen jedenfalls sehenden Auges das Risiko ein, erwischt zu werden, da der Gewinn des bestraften Verhaltens größer ist als die Abschreckungswirkung einer Strafe.

Ein Klima aus Angst und Misstrauen

Auf der Basis des Lernverhaltens erklärt kommt das so zustande: Eine Strafe, die nicht sofort und unausweichlich auf das „Fehlverhalten“ folgt, wirkt nicht richtig. Das weiß man schon seit Jahrzehnten aus Experimenten zum Lernverhalten. Die Angst vor der somit unberechenbar eintretenden Strafe bedrückt allerdings und schafft schlimmstenfalls ein Klima der Angst und des Misstrauens. Und unter Zwang und durch unangenehme Einwirkungen erlerntes Verhalten wird durch Verknüpfung mit negativen Emotionen sozusagen „vergiftet“. So gelernte Signale, ja womöglich sogar die ganze Übungssituation, lösen im Hund tief verwurzelte und vage, aber unangenehme Gefühle aus. Daher möchte er dem Ganzen eher ausweichen und sich so wenig wie möglich damit beschäftigen. Es geht ihm wie einem Schulkind, das ein bestimmtes Schulfach zu hassen gelernt hat, weil es immer überfordert war und vom Lehrer vor der Klasse bloßgestellt wurde. Eines Tages gibt es sich keine Mühe mehr, sondern wünscht sich im Unterricht nur noch weit weg. Tolle Leistungen wird es zumindest in diesem Fach kaum noch bringen.

... oder nicht vielmehr der, dessen Besitzer mit Belohnung arbeitet?

Positive Verstärkung

Man sieht also: Sogar beim vernunftbegabten Menschen funktioniert die sogenannte negative Verstärkung (das Lernen über Zwang, Einschüchterung oder Androhung von Strafe) gar nicht so gut, wie gern behauptet wird. Umso mehr ist dies bei Tieren der Fall, die nur im Hier und Jetzt leben und sich keine hehren Zukunftsziele setzen können, wie die Zähne zusammenzubeißen, um eines fernen Tages das Abitur zu machen. Daher arbeitet man im professionellen Tiertraining immer mehr und höchst erfolgreich mit positiver Verstärkung. Und auch in diesem Buch wollen wir im Folgenden Methoden der positiven Verstärkung vorstellen. Mehr Spaß macht das Arbeiten über Belohnung sowieso – und zwar Hund und Mensch. Hunde, die gewaltfrei und ohne Zwang erzogen wurden, sind entspannt und ausgeglichen, ja sie wirken geradezu „glücklicher" als mit harten Methoden erzogene Tiere, und strahlen das auch aus. Was wiederum eine schöne „Belohnung" für Sie als Hundehalter darstellt.

Info Leckerchen

Nun war schon häufig die Rede von Leckerchen. Das liegt daran, dass Futter im Hundetraining, beim Tiertraining generell, ein universelles und sehr wirksames Hilfsmittel ist. Die allermeisten Hunde freuen sich über Leckerchen und sind bereit, dafür zu „arbeiten". Und für uns Menschen sind Leckerchen als Belohnung relativ einfach und vielseitig einzusetzen. Aus diesem Grund beruhen viele der Trainingsanleitungen in diesem Buch auf der Verwendung von Leckerchen als Belohnung.

Es ist möglich, einen Hund weitgehend ganz ohne Strafe zu erziehen.

Ganz ohne Strafe?

Vielleicht fragen Sie sich nun: „Das klingt ja alles ganz schön, aber geht das denn wirklich – so ganz ohne Zwang und Strafe?“ Die Antwort ist: Ja, man kann einen Hund ohne Zwang erziehen, es sei denn, man bezeichnet bereits die Tatsache, dass man den Hund an der Leine führt und die Wohnungstür geschlossen hält, als „Zwang“. Wir meinen hier eher: Man kann einem Hund problemlos etwas beibringen, ohne je die Ausführung von „Kommandos“ zu erzwingen. Und wenn man wirklich will, kann man einen Hund auch ganz ohne Strafe erziehen. Es wäre allerdings zugegebenermaßen ziemlich aufwendig, um jeden Preis auf Strafe zu verzichten. Und Sie müssen auch nicht gerade einen Selbstzweck daraus machen, immer nur „positiv“ mit Ihrem Hund umzugehen. Es gibt einige wenige Momente im Hundeleben, wo es durchaus vertretbar und angebracht ist, eine Strafe einzusetzen. Und auch einige Momente, wo es richtig ist, sich freundlich und ruhig, aber bestimmt durchzusetzen. Aber dies ist eben nur selten die beste Lösung und sollte nicht das vorherrschende Prinzip im Umgang mit dem Hund sein.

Lassen Sie sich bloß nicht die Wurst vom Teller klauen!

Auf den Tisch gehauen

Hier einmal ein Beispiel für einen solchen Ausnahmemoment: Sie sitzen am Küchentisch und essen. Ihr junger Hund springt am Tisch hoch und versucht buchstäblich, Ihnen das Brot vom Teller zu klauen. Hier dürfen und sollen Sie im übertragenen Sinne und ruhig auch wortwörtlich gemeint „mit der Faust auf den Tisch hauen", spontan und ziemlich dramatisch. Denn so ein Verhalten ist einfach frech. Zudem sind Sie in einer günstigen Situation und wenn Sie im richtigen Moment und energisch genug eingreifen, bestehen gute Chancen, dass Ihr vierbeiniger Frechdachs dies nur einmal und nie wieder versucht. Ihr Vorgehen wäre also sowohl angemessen als auch wirksam und somit gerechtfertigt.

Grenzen für einen kleinen Wüterich

Ein weiteres Beispiel, das zeigt, dass „sich durchsetzen" manchmal das Richtige sein kann: Ein Beaglewelpe machte ein Riesentheater, wenn er während der Autofahrt in seiner Hundebox bleiben sollte. Er sprang gegen die Tür der Box, kratzte daran und kläffte, ja kreischte förmlich. Die Befragung der Besitzerin und Beobachtung des Hundes ergab, dass der Welpe weder vor der Box noch vor dem Autofahren Angst hatte.

Er schlief sogar in der Wohnung freiwillig in der Box. Es passte ihm nur nicht, in seiner Freiheit eingeschränkt zu sein, und er steigerte sich in einen richtigen Wutanfall hinein. In diesem Fall ließ ich die Tür der Box auf, blieb aber dicht davor stehen und schob den kleinen Wüterich jedes Mal sofort wieder zurück, wenn er die Box verlassen wollte. Ich bleib ganz ruhig, schimpfte nicht und verwendete auch immer nur so viel Kraft wie nötig. Nachdem er eine Weile immer wieder versucht hatte, „mit dem Kopf durch die Wand“ zu gehen, akzeptierte er plötzlich die Grenze, warf mir einen etwas säuerlichen Blick zu und rollte sich dann entspannt in der Box zu einem Schläfchen zusammen. Die Besitzerin übte am nächsten Tag noch einmal in derselben Weise und das Problem war dauerhaft gelöst. Sicher hätte man den Welpen auch über viele Leckerchen und langes Üben ohne Zwang dazu bringen können, in der Box zu bleiben. Aber es erschien mir wichtig und richtig, dass er lernte, auch einmal eine Einschränkung zu akzeptieren und mit einem gewissen Frust klarzukommen. Und dies zu einem frühen Zeitpunkt in seinem Leben freundlich, aber bestimmt mit ihm „auszukämpfen“, schien mir in diesem Fall die schnellste und „sauberste“ Lösung.

Wenn nur die Hundehaare auf dem Sofa nicht wären …

Das Problem mit dem Timing

Nun müssen wir noch einen ganz wichtigen Punkt zum Thema Lernverhalten ergänzen: die Bedeutung des richtigen Zeitpunktes. Hunde können nämlich nur dann aus ihren Erfahrungen lernen, wenn die Folgen ihres Verhaltens unmittelbar, also sofort, eintreten. Wenn Ihr Hund nach der Keksdose angelt, sodass sie auf der Tischkante kippelt, er sich dann aber abwendet und weiter durch den Raum schlendert und die Dose ein paar Momente später mit lautem Scheppern herunterfällt, wird er zwar erschrecken (oder sich über die unverhoffte Kekslawine freuen). Aber er wird es nicht mehr mit dem Am-Tisch-Hochspringen in Verbindung bringen.

Nur sofort wirksam

Ein Hund bezieht angenehme oder unangenehme Erlebnisse nämlich immer nur auf das Verhalten, das er gerade gezeigt hat, ehe das „Verhängnis“ oder die Freude über ihn hereinbrach. Es hat daher gar keinen Zweck, einen Hund im Nachhinein zu bestrafen oder auch zu belohnen. Er bringt all dies nicht mehr mit

Auch und gerade an heißen Sommertagen …

seinem Verhalten in Verbindung – oder es kommt zu sehr verwirrenden Missverständnissen. Falls Sie z. B. eine Minute nach dem Keksdosenvorfall das Zimmer betreten und schimpfen, bezieht der Hund das höchstwahrscheinlich auf das, was er gerade tat, ehe Sie hereinkamen – aus der Terrassentür gucken beispielsweise. Oder er verknüpft den ganzen Ärger mit Ihrem Erscheinen auf der Bildfläche. Denn auch beim Lernen über Verknüpfung wird immer nur das miteinander in Verbindung gebracht, was unmittelbar aufeinander folgt. Dass Sie zur Tür hereinkommen, kann also schnell zum „Signal" dafür werden, dass es jetzt Ärger geben könnte – ohne dass Ihr Hund wirklich versteht, warum Sie sauer sind und schimpfen.

Unendlich viele Möglichkeiten

Nun könnte man ja auf die Idee kommen, dem Hund erst die leere Keksdose vor die Nase zu halten und dann zu schimpfen. So müsste er doch verstehen, warum man ärgerlich ist, oder? Doch leider ist auch bei diesem Vorgehen die Möglichkeit von Missverständnissen geradezu astronomisch hoch. Denn Sie haben keinen Einfluss darauf, was Ihr Hund mit dem Schimpfen assoziiert, da mehrere Sachen gleichzeitig infrage kommen: der Anblick der Keksdose, aber auch der Ort, an dem Sie ihn ausschimpfen, das Schlagen der Kirchturmuhr, Ihren Gesichtsausdruck, Ihre Körpersprache und so weiter und so fort.

...dient Lernen der Optimierung des eigenen Zustandes.

Im richtigen Moment belohnen

Das Timing-Problem stellt sich natürlich auch, wenn man einen Hund belohnen will. Wenn Sie Ihrem Hund erst die Pfoten abputzen, dann das Wischtuch weglegen und ihm danach ein Leckerchen geben, beabsichtigen Sie vielleicht, ihn für das Stillhalten zu belohnen. Da das Stillhalten aber schon fünf Sekunden zurückliegt und er in freudiger Erwartung herumhopste, als Sie nach dem Leckerchen griffen, fühlt er sich stattdessen fürs Herumspringen belohnt. Das bedeutet nicht nur, dass das Leckerchen sozusagen für die Katz war, sondern auch, dass er mit der Zeit immer öfter im Flur herumhopst und womöglich beim Pfotenabwischen immer weniger stillhält.

Links wird tatsächlich das Sitzen belohnt, rechts hingegen das Hochspringen.

Zur Belohnung im richtigen Moment einen Ball zu werfen, ist noch schwieriger.

Kleine Tücken

Es kommt noch schlimmer: Das richtige Timing ist sogar dann noch ein Problem, wenn Sie sich bewusst bemühen, eine Belohnung wie z. B. ein Leckerchen im genau richtigen Moment zu geben. Denn erstens müssten Sie beim Üben eigentlich immer ein Leckerchen griffbereit zur Hand haben, wenn Sie in der Lage sein wollen, es im genau richtigen Moment zu geben. Dann sind viele Hunde aber so sehr auf das Leckerchen fixiert, dass sie anfangen zu betteln und aufdringlich zu werden. Und sie gewöhnen sich oft auch so daran, dass immer ein Leckerchen in Sicht ist, wenn man etwas von ihnen will, dass sie nur noch schlecht gehorchen, wenn man mal kein Leckerchen dabei hat.
Zudem ist es auch gar nicht so einfach, einem quirligen und vielleicht noch kleinen Hund eine Belohnung genau im richtigen Augenblick zuzustecken. Er macht z. B. Sitz. Sie beugen sich herunter, um ihm das Leckchen zu geben. Aber er steht vielleicht gerade wieder auf, wenn Sie sich herunterbeugen. Geben Sie ihm dann das Leckerchen, würde er sich fürs Aufstehen belohnt fühlen statt fürs Sitzen. Mit solchen Dingen haben auch junge und bewegliche Hundehalter ihre Probleme. Falls Sie vielleicht nicht immer ganz so fix sind oder gelegentlich etwas steife Knie haben, ist es für Sie natürlich noch schwieriger. Zum Glück gibt es aber eine verhältnismäßig einfache Lösung für das Timing-Problem. Und zwar ist das die Verwendung von sogenannten Brückensignalen.

Brückensignale

Ein Brückensignal ist ein klares, eindeutiges Signal, das durch ein Vortraining per Assoziation mit einer Belohnung oder Strafe verknüpft wird und diese dann ankündigen beziehungsweise ersetzen kann. Es überbrückt sozusagen die Zeit, die manchmal notgedrungen zwischen dem Moment verstreicht, in dem man den Hund belohnen (bestrafen) will und dem Moment, in dem man es auch wirklich tun kann. Gewöhnlich benutzt man hörbare Signale als Brückensignale. Ein Beispiel sind etwa die Worte „braver Hund“ beziehungsweise „Pfui!“ oder „Nein“. Der Hund hat gelernt, dass er nach den Worten „braver Hund“ gestreichelt wird oder ein Leckerchen bekommt und fühlt sich deshalb in dem Moment belohnt, in dem man sie ausspricht, auch wenn man ihn erst einige Momente später streicheln oder füttern kann. Umgekehrt hat er vielleicht die Erfahrung gemacht, dass dem Wort „Nein“ oft etwas Unangenehmes folgt und zuckt daher schon zusammen, wenn er das Wort nur hört.

Warnung und Versprechen

Wenn man ein negatives Brückensignal verwendet, das eine Strafe ankündigt, wirkt dieses oft schon, weil es eine Art Drohung darstellt. Unterbricht der Hund auf ein warnendes „Nein“ hin sein Tun, kann die eigentliche Strafe deshalb auch ausbleiben. Der Lerneffekt tritt trotzdem ein, denn der Hund denkt, er wäre gerade noch mal davongekommen und ist entsprechend erleichtert. Einem positiven Brückensignal wie „Brav“, das eine Belohnung verspricht, sollte hingegen relativ oft eine „echte“ Belohnung folgen. Bleibt es immer wieder bei leeren Versprechungen, freut sich der Hund nämlich mit der Zeit nicht mehr so stark über das „Brav“ und es wirkt daher nicht mehr so begeisternd auf ihn. Man kann das mit einer leeren Pralinenschachtel oder einem ungedeckten Scheck vergleichen: Stellt man fest, dass mehr versprochen wurde, als gehalten wird, ist man ein wenig enttäuscht. Passiert das allzu oft, wird die Freude eher verhalten sein, wenn man den nächsten Scheck oder die nächste Pralinenschachtel überreicht bekommt.

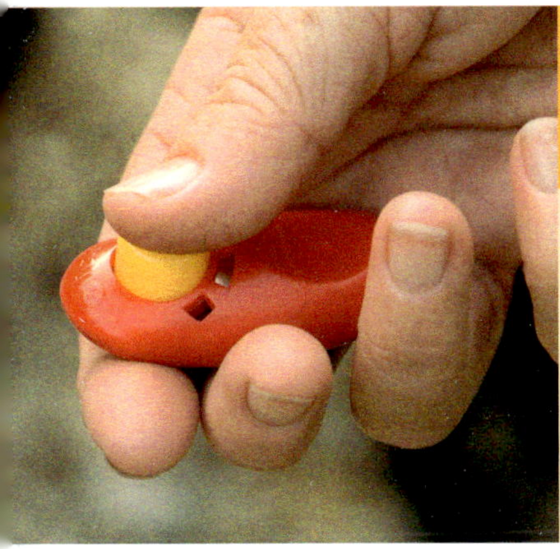

Der Clicker

Info

Ein ganz besonders wirkungsvolles Brückensignal ist das Geräusch, das ein so genannter Clicker erzeugt. Ein Clicker ist eine Art Knackfrosch, ähnlich den Blechfröschen, die man früher auf Jahrmärkten bekam, und mit deren nervtötenden Geklacker man die Erwachsenen so schön zur Weißglut treiben konnte.

Ein Knackfrosch als Brückensignal

Man hat nämlich festgestellt, dass sich ausgerechnet das Geräusch des Clickers besonders gut als Brückensignal beim Tiertraining eignet und zwar aus demselben Grund: Es erweckt automatisch Aufmerksamkeit und lässt sich nur schwer überhören. Mit einem Clicker als Brückensignal lernen Hunde deshalb leichter und schneller, als wenn man nur Lob mit der Stimme verwendet. Man verknüpft das Clickgeräusch gewöhnlich mit Futter und kündigt dann im richtigen Moment durch das typische „Klick-Klack" ein Belohnungsleckerli an. Die Verwendung eines „Knackfrosches" fürs Hundetraining ist sicher im ersten Moment ein wenig ungewohnt, aber ideal für Sie geeignet. Wir möchten Sie daher gern ermutigen, einen Versuch mit dem Clicker zu machen. (Falls Sie aus irgendwelchen Gründen partout nicht mit einem Clicker arbeiten können oder wollen, benutzen Sie stattdessen ein kurzes Wort wie z. B. „Tick".)

Der Clicker markiert den richtigen Augenblick.

Bieten Sie Ihrem Hund etwas, das ihn begeistert.

Jeder Hund tut nur, was er will

Bis hierher klingt das Prinzip der Hundeerziehung relativ leicht. Sorgen Sie einfach dafür, dass Ihr Hund die richtigen Lernerfahrungen macht, und Sie bekommen den perfekten Begleiter! Leider müssen wir dieses schöne Bild nachträglich ein wenig korrigieren. Hunde lassen sich zwar tatsächlich über Lernerfahrungen gut beeinflussen. Aber sie haben natürlich auch ihren eigenen Kopf. Das macht ja auch gerade einen großen Teil des Reizes der Hundehaltung aus: Mit einem Vierbeiner bekommen Sie einen Partner, keinen Sklaven. Und wenn Sie hauptsächlich ein Wesen hätten haben wollen, das auf Knopfdruck reagiert, hätten Sie sicher gleich nach einem Roboterhund gegriffen.

So bekommen Sie auch einen Sturkopf auf Ihre Seite.

Eigene Interessen

Hunde haben also ihre eigenen Bedürfnisse und ihre eigenen Vorstellungen davon, was sie tun und lassen wollen. Und diese hundlichen Bedürfnisse kollidieren natürlich manchmal mit den Vorstellungen, die wir vom Zusammenleben mit einem Hund haben. Ihr Hund findet es vielleicht klasse, sich in einem toten Maulwurf zu wälzen, Sie wahrscheinlich eher weniger. Ihr Hund hat vermutlich auch nicht immer gerade dann Lust,

Durch Beobachtung finden Sie heraus, was Ihr Hund besonders mag.

zu kommen, wenn Sie rufen. Er will vielleicht lieber diesen bestimmten Grashalm untersuchen oder diese höchst attraktive Hündin beschnuppern und je nach Ausbildungsstand, Situation und Persönlichkeit wird er genau das auch manchmal tun, ehe er irgendwann angetrottet kommt. Wir sind sicher, dass Sie solche Situationen aufgrund Ihrer Lebenserfahrung mit dem größtmöglichen Humor zu nehmen wissen.

Faires Tauschgeschäft für Mensch und Hund

Trotzdem sollten Sie natürlich versuchen, Ihren Hund so zu beeinflussen, dass seine Eigeninteressen und Extratouren nicht gerade zum Ärgernis oder gar zur Gefahr werden. Das Prinzip, das am besten zum Ziel führt, ist eine Art Kuhhandel: Sie geben Ihrem Hund das, was er will, wenn er zuvor das tut, was Sie wollen. Das heißt konkret, dass Sie versuchen sollten, ihn möglichst oft mit etwas zu belohnen, was ihm momentan wichtig ist. Wenn Sie mit dem PKW hinaus ins Grüne fahren, können Sie Ihrem Hund z. B. erst dann die Erlaubnis geben, aus dem Auto zu springen, wenn er zuvor einige Sekunden manierlich gewartet hat, ohne zu kläffen und zu drängeln. Oder wenn Sie ihn anleinen wollen, tun Sie das nur, wenn er stillhält. Zappelt er herum, warten Sie, bis er sich wieder beruhigt hat, ehe Sie mit dem Anleinen fortfahren. Ist die Leine dran, machen Sie zügig die Tür auf und gehen mit ihm hinaus als Belohnung fürs Stillhalten. So wird aus dem Gehorsam ein faires Tauschgeschäft und beide sind zufrieden.

An Grenzen stoßen

In der Natur der Sache liegt es auch, dass es bei den allermeisten Hunden immer mal wieder bestimmte Situationen geben wird, in denen ihr Instinkt sich Bahn bricht und man mit Erziehung und Lernverhalten an natürliche Grenzen stößt. Dies könnte z. B. der Fall sein, wenn Ihr Hund Angst vor etwas hat und nur noch fliehen will, wenn sein Jagdinstinkt durch einen aufspringenden Hasen geweckt wird oder wenn er auf Nachbars Struppi, seinen Erzfeind, trifft. In solchen hoch emotionalen Momenten ist dann oft jeder Gehorsam vergessen und man kommt manchmal an den Hund gar nicht mehr „heran". All das heißt nicht, dass man nicht bei den meisten Hunden mit sehr viel Training und Engagement dahin kommen könnte, dass sie auch in solchen Extremsituationen noch ansprechbar sind. Aber es heißt, dass man es oftmals sich und dem Hund leichter macht, wenn man solche natürlichen Grenzen einfach akzeptiert und den Hund z. B. vorbeugend anleint, falls „grenzwertige" Situationen eintreten könnten.

Jetzt kommen „Sitz" und „Aus" einfach nicht mehr im Hundehirn an.

Nicht jeder Ausbruch an Lebensfreude ist gleich ein „Dominanzproblem“.

Ein paar Worte zum Thema Dominanz

Eigentlich mögen wir dieses Wort nicht besonders, da es allzu schwammig ist und beinah jeder Hundetrainer seine eigene Version verwendet. Zudem werden im Namen der „Dominanz“ im Bereich des Hundetrainings so viel unsinnige Methoden gerechtfertigt wie mit keinem anderen Erklärungsmodell. Da „Dominanz“ im Hundebereich aber nun mal in aller Munde ist und Sie vermutlich immer wieder mit entsprechenden Tipps von anderen Hundebesitzern oder Hundetrainern konfrontiert werden, sind ein paar erklärende Worte angebracht.

Bestimmend sein

„Dominant sein“ im eigentlichen Wortsinne bedeutet nichts weiter als „bestimmend sein“. Würde man den Begriff in Bezug auf die Hundehaltung ganz sachlich, nüchtern und rein beschreibend verwenden, wäre das weiter kein Problem. Natürlich sollte in einer gesunden Mensch-Hund-Beziehung im Großen und Ganzen der Mensch bestimmend sein. Es führt zwar nicht gleich zu Problemen, wenn man auch mal den Hund entscheiden lässt, wann das Ballspiel beginnt oder ob er heute die Runde durch den Wald oder durch die Felder gehen möchte. Und man darf und soll natürlich auch eine gewisse Rücksicht auf den Hund nehmen. Wenn ein Hund z. B. Angst vor der Silvesterknallerei hat, fällt mir bestimmt kein Zacken aus der Krone, wenn ich ihm zuliebe am Silvesterabend die Vorhänge zuziehe und auf das Abfeuern von Raketen verzichte. Würde sich aber alles nur nach den Launen des Hundes richten, wäre das eine unhaltbare Situation.

Brimborium um die Dominanztheorie

Das Problem ist nur das große Brimborium, das um die Dominanztheorie gemacht wird. Da wird einerseits in übertriebener Weise unterstellt, dass Hunde Tag und Nacht darauf lauern, ob wir Menschen eine kleine Schwäche zeigen, um dann sofort selbst das Ruder an sich zu reißen, sodass es schon beinah an Verfolgungswahn grenzt. Andererseits wird der Hundehalter zur Einhaltung von teilweise äußerst merkwürdigen Verhaltensweisen verdonnert, die angeblich notwendig sind, um eben dieses zu vermeiden. Dabei ist völlig unbekannt, wie die Hunde die Sache mit der Dominanz sehen. Untereinander haben sie oft sehr flexible und eher tolerante Rangordnungsbeziehungen, die weitaus weniger rigide sind, als das, was viele Hundetrainer empfehlen. Das heißt, die Hunde gehen mit der „Dominanzfrage" meist sehr pragmatisch und gelassen um. Außerdem ist völlig offen, ob Hunde überhaupt mit Menschen eine echte Rangordnungsbeziehung haben. Auch weiß man nicht, ob sie die Einhaltung sogenannter „Hausstandsregeln" (der Hund darf nicht zuerst durch die Tür gehen, bekommt sein Futter erst, nachdem die Menschen gegessen haben usw.) überhaupt als Rangdemonstration verstehen.

Viele Hunde sind untereinander toleranter, als man denkt.

Kleinkarierte Verhaltensvorschriften

Der somit erzeugte Dominanztheorien-Wildwuchs führt paradoxerweise dazu, dass Hundebesitzer von Hundetrainern manchmal lange Listen mit kleinkarierten Verhaltensvorschriften für den Umgang mit dem Hund bekommen, die sie akribisch einhalten sollen. Darunter sind oft Verhaltensmaßregeln, die der Besitzer selbst gar nicht einhalten möchte, da sie seinem Gefühl widerstreben, schwer durchzuführen oder einfach nur lästig sind. Versprochen wird, dass sich die Probleme mit dem Hund mehr oder weniger in Luft auflösen, wenn alle Vorschriften umgesetzt werden. Da dies aber fast niemand schafft, bleibt dem Trainer immer die Möglichkeit, den Besitzer für das eventuelle Ausbleiben des Erziehungserfolges verantwortlich zu machen. Fast könnte man den Eindruck gewinnen, dass manche Trainer auf diese Weise versuchen, die Hundebesitzer zu dominieren – ein Schelm, wer Böses dabei denkt …

Diese drei teilen sich ganz ohne Probleme ein Spielzeug.

Was Hunde vom Leben erwarten

Da manche Menschen skeptisch sind, ob ältere Menschen einen Hund artgerecht halten und versorgen können, kann es sein, dass Sie als Hundehalter mit der Kritik Ihrer lieben Mitmenschen konfrontiert werden. Und vielleicht machen Sie sich gelegentlich selbst Sorgen, ob Ihr Hund bei Ihnen alles hat, was er braucht, um zufrieden, ja vielleicht sogar glücklich zu sein. Daher ist es richtig, sich Gedanken zu machen, welche Grundbedürfnisse ein Hund hat. Dass der Hund Futter, Wasser und einen Schlafplatz sowie gegebenenfalls Pflege und Gesundheitsfürsorge braucht, setzen wir hier einmal als selbstverständlich voraus. Doch was braucht Ihr vierbeiniger Freund noch?

Soziale Lebewesen

Die meisten Hunde möchten immer dabei sein.

Hunde können zwar lernen, auch einmal ein paar Stunden allein zu bleiben, aber sie sind von Natur aus soziale Lebewesen, die sich in Gesellschaft am wohlsten fühlen. Und für Hunde ist oft der Mensch ein wichtigerer Sozialpartner geworden als ihre eigentlichen Artgenossen. Die meisten Hunde wollen daher möglichst viel mit „ihren" Menschen zusammen sein. Sie betrachten es als ihren „Job", ihr menschliches „Rudel" möglichst überallhin zu begleiten und sind am zufriedensten, wenn sie es tun können. Da macht es auch nichts, wenn dies aus Hundesicht manchmal ein stressiger und anspruchsvoller Job ist, wenn es z. B. darum geht, in Bus und Bahn mitzufahren oder die Innenstadt zu durchqueren. Ganz im Gegenteil – die meisten Hunde sind nämlich auch neugierig und unternehmungslustig und wollen gern etwas erleben. Nur Hunde mit starken Angstproblemen (z. B. aufgrund einer schlechten Prägung im Welpenalter) betrachten es nicht als eine Bereicherung, sondern als eine allzu große Belastung, z. B. einen Stadtbummel mitzumachen. Damit, dass Sie besonders viel Zeit für Ihren Hund haben, können Sie als Hundehalter am meisten punkten.

Am schönsten ist es, wenn das ganze „Rudel“ zusammen ist.

Stress in der heutigen Zeit

Hunde haben zwar kein angeborenes Grundbedürfnis nach „Unterordnung“ unter einen mächtigen Rudelführer, wie manchmal unterstellt wird. Aber sie wünschen sich schon, dass ihr Mensch ihnen „die Welt erklärt“. Denn auch für Hunde ist das Leben komplizierter geworden und unsere Ansprüche an sie sind mit der Zeit gewachsen. Früher lebten die meisten Hunde auf dem Land und viele von ihnen durften tagsüber frei herumstreifen. Ihr Leben verlief relativ geruhsam. Sie kannten die anderen Dorfhunde und wenn ein Hund mal knurrte oder bellte oder zwei Hunde sich rauften, regte das niemanden auf. Heutzutage sind Hunde den verschiedensten unnatürlichen Einflüssen ausgesetzt, müssen mit fremden Menschen und Hunden, Straßenverkehr, Lärm usw. zurechtkommen und dabei enorme Anpassungsleistungen erbringen. Und wenn sie sich nicht genug anpassen, sondern sich manchmal einfach wie ein Hund benehmen, ist die Empörung groß.

Sie sind der Coach

Ihr „Job“ als Hundehalter ist es daher, Ihren Hund wie ein wohlmeinender „Coach“ durchs Leben zu geleiten. Bringen Sie ihm aktiv bei, was er tun soll, wenn er z. B. einem Jogger begegnet, ehe es Probleme gibt. Entwickeln Sie ein Gefühl dafür, wann Ihr Hund überfordert ist und eine Pause oder etwas Unterstützung Ihrerseits braucht. Handeln Sie stellvertretend für Ihren Hund vorausschauend, damit es gar nicht erst zu Ärger mit den Nachbarn oder Passanten kommt. Ihr Hund wird sich dann bei Ihnen geborgen fühlen und gern bereit sein, sich an Ihnen zu orientieren.

Zeigen Sie Ihrem Hund, wie man im Einklang mit seiner Umwelt lebt.

Beim Apportieren können Hunde sich so richtig austoben.

Bewegung und Beschäftigung

Je nach Typ wünschen sich Hunde zudem mehr oder weniger Bewegung und Beschäftigung. Besonders jüngere Hunde und Angehörige bestimmter Arbeitsrassen (z. B. manche Hüte- oder Jagdhunde) brauchen relativ viel Bewegung und können unleidlich und schwierig werden, wenn sie diese nicht bekommen. Bewegung kann man dem Hund in Form von langen Spaziergängen, Fahrradfahren, Joggen usw. verschaffen. Wenn Sie selbst nicht fit genug für all das sind, ist es besser, Sie nehmen einen schon etwas älteren Hund oder einen Hund einer eher ruhigen oder sehr kleinen Rasse zu sich. Oder Sie müssen dafür sorgen, dass Ihr Hund die nötige Bewegung anderweitig bekommt, z. B. indem er jeden zweiten Tag eine lange Fahrradtour mit einem Verwandten macht. Einen Teil der nötigen Bewegung kann man auch über Apportieraufgaben oder durch das Spiel mit anderen Hunden abdecken.

Gehirnjogging für Vierbeiner

Auf der anderen Seite sollte gerade ein lebhafter Hund nicht nur körperlich ausgelastet werden. Er entwickelt sich sonst zum Athleten und wird Sie in puncto Fitness und Laufstrecke immer schlagen (es sei denn, Sie trainieren für Marathonläufe). Man weiß heute, dass Hunde viel zufriedener und ausgeglichener sind, wenn etwa ein Drittel oder die Hälfte ihres täglichen Beschäftigungspensums in „mentaler“ Auslastung besteht. Gut geeignet sind dafür jegliche Arten von Übungen, bei dem man dem Hund etwas beibringt, egal ob es nun Tricks, Grundgehorsam oder gar Hundesport ist. Auch „Nasenarbeit“, also Suchspiele oder Fährtenlesen, ist für Hunde sehr befriedigend und lastet sie gut aus. Ideen für entsprechende Spiele und Übungen finden Sie ab Seite 129 – auch für solche, die man mit dem Hund machen kann, wenn man selbst nicht mehr ganz so beweglich ist.

Kleine Jobs im Alltag geben dem Hund das Gefühl, wichtig zu sein.

Letztlich spielt es sich mit einem Artgenossen doch noch am besten.

Hundekumpel

„Hunde brauchen den Kontakt zu Artgenossen." Auch das hat sich mittlerweile herumgesprochen und ist natürlich im Prinzip richtig – es wäre traurig und auch nicht artgerecht, wenn ein Hund gar keinen Kontakt zu Artgenossen haben könnte. Aber auch diese Regel hat ihre Ausnahmen, und zwar nicht wenige. Mit jedem Artgenossen spielen zu wollen, ist nämlich eigentlich nur jungen Hunden unter ca. zwei Jahren wichtig. Natürlich gibt es auch Hunde, die bis ins hohe Alter gern alle möglichen Artgenossen treffen und auch mit ihnen spielen. Aber die meisten Hunde spielen nur noch mit einigen wenigen festen Freunden, wenn sie einmal erwachsen sind. Ob sie es dann trotzdem genießen, fremde Artgenossen zu treffen, ist individuell ganz verschieden. Sie brauchen deshalb kein schlechtes Gewissen zu haben, wenn Sie mit Ihrem erwachsenen Hund nicht täglich auf die Hundewiese gehen, zumal, wenn Sie den Eindruck haben, dass er sich dort eher unwohl fühlt oder wenn Sie einen sehr kleinen Hund haben, der womöglich wirklich gefährdet wäre. Es kann gut sein, dass Ihr Hund völlig zufrieden damit ist, wenn er ein- oder zweimal die Woche mit einem Kumpel zusammen spazieren gehen oder eine Runde im Garten drehen kann.

Wenn Ihr Hund bei Ihnen einzieht

Egal ob Welpe oder erwachsener Hund: Wenn Ihr neuer Hausgenosse bei Ihnen ankommt, zeigen Sie ihm am besten erst mal, wo die Toilette ist. Das heißt, wenn Sie einen Garten haben, beginnen Sie die Besichtigungstour des neuen Zuhauses ruhig dort. Bei einem Welpen sollten Sie, wenn irgend möglich, so lange draußen bleiben, bis er sich gelöst hat. Erst nach dem „Gassi gehen" zeigen Sie Ihrem Welpen auch die Wohnung. Sonst passiert das erste Malheur nämlich mit ziemlicher Sicherheit im Wohnzimmer auf dem Teppich, was gleich zu einer unerwünschten Verknüpfung führen würde. Bei einem erwachsenen Hund darf die Reihenfolge auch anders herum sein: Er darf erst die Wohnung „besichtigen". Aber danach machen Sie am besten recht bald den ersten Gassigang oder lassen ihn in den Garten, denn auch er kann aufgrund der Aufregung ein dringendes Bedürfnis verspüren und es ist gut, wenn er gleich gezeigt bekommt, wo der richtige Ort dafür ist.

Zeigen Sie ihm als erstes die Toilette.

Danach darf er alles besichtigen.

Nach dem Rundgang ist Zeit für Streicheleinheiten.

Wohnungsbesichtigung

Für Hunde ist es ein wichtiges Grundbedürfnis, ihre Umgebung zu erkunden, wenn sie irgendwo fremd sind. Lassen Sie Ihren Hund also ruhig erst mal ein wenig in der Wohnung herumschlendern und alles beschnuppern und schauen Sie ihm einfach dabei zu. Bei Welpen beschränken Sie den Spielraum am besten erst mal auf ein oder zwei Zimmer, wegen der Stubenreinheit und damit es nicht zu viel auf einmal wird. Sollte der Neuankömmling bei dieser Besichtigungstour schon etwas tun, was künftig verboten ist (z. B. die Nase auf Tisch legen, aufs Sofa springen oder – als Welpe – eine Teppichkante benagen), müssen Sie allerdings schon jetzt eingreifen. Sie müssen ja nicht gleich lauthals losschimpfen oder den Hund am ersten Tag bestrafen, aber wenn Sie sein Verhalten zulassen, bekommt er den Eindruck, es wäre erlaubt. Und das wäre unfair und inkonsequent. Holen Sie ihn also vorerst einfach nur von den verbotenen Dingen weg, lenken ihn ab oder verhindern rein mechanisch über eine Leine oder geschlossene Tür, dass er etwas Verbotenes macht.

Spiel- oder Schmusepause

Nach der Wohnungsbesichtigung sind viele Hunde bereits daran interessiert, mit ihrem neuen Besitzer Kontakt aufzunehmen. Besonders Welpen sind jetzt für ein kleines Spiel oder eine Streicheleinheit zugänglich, für das sie vorher noch keinen Sinn gehabt hätten. Dann geht es noch einmal kurz hinaus und danach sind Welpen von all den neuen Eindrücken meist schon überwältigt und brauchen ein Schläfchen. Begleiten Sie Ihren Welpen daher in den Raum, wo sein zukünftiger Schlafplatz ist, für ihn der gemütlichste Ort im Zimmer. Schließen Sie die Türen und verhalten Sie sich ruhig. Höchstwahrscheinlich wird er bald sein Lager aufsuchen und einschlafen, während Sie strahlend und aufgeregt danebensitzen und ihn bestaunen. Vergessen Sie nur nicht, dass er sofort wieder nach draußen muss, sobald er aufwacht!

Erwachsene Vierbeiner sind etwas reservierter

Ein erwachsener Hund, den man frisch übernommen hat, ist in der Regel etwas reservierter. Schließlich hat er gerade sein altes Zuhause verloren und Sie sind ihm noch völlig fremd. Die meisten Hunde brauchen etwa 24 Stunden, ehe sie bereit sind, eine neue Beziehung zu beginnen, oder müssen wenigstens eine Nacht darüber schlafen. Sollte Ihr Hund gern ankommen und Kontakt mit Ihnen aufnehmen, dürfen Sie ihn natürlich auch schon streicheln, ihm ein Spiel anbieten oder Ähnliches. Aber überschütten Sie ihn nicht mit Versuchen der Kontaktaufnahme, solange er noch ein bisschen neben sich steht. Lassen Sie ihn weitgehend in Ruhe, sagen nur im Vorbeigehen ein paar freundliche Worte zu ihm und gestalten den Tagesablauf sonst ganz selbstverständlich so, wie er künftig auch sein soll, mit einer Ausnahme: Machen Sie mit einem erwachsenen Hund bald nach der Ankunft einen kleinen Spaziergang in der näheren Umgebung. Erstens lernt er diese dann bereits schon einmal kennen, zweitens ist er danach etwas müde und weniger ruhelos. Und drittens merkt er dadurch, dass Sie mit ihm wieder zurück in Ihre Wohnung gehen, dass dieser Ort von nun an sein „Hafen“ sein wird, zu dem er immer wieder zurückkehrt.

Erwachsene Neuzugänge brauchen oft ein paar Tage, um Kontakt aufzunehmen.

3

Tipps und Tricks für den Alltag

Hilfsmittel

Es gibt einige Hilfsmittel in der Hundeerziehung und -haltung, die äußerst praktisch sind und einem das Leben erleichtern können, sowie einige Maßnahmen, die hilfreich bei der Alltagsbewältigung mit Hund sein können. Im Folgenden wollen wir einige davon vorstellen, damit Sie sich das Leben mit dem Hund leichter machen und eventuell vorhandene eigene kleine Schwächen wie eine eingeschränkte Beweglichkeit oder ein etwas langsameres Reaktionsvermögen wettmachen können. Übrigens: All das ist natürlich nicht nur für „ältere Semester" nützlich. Es ist ähnlich wie mit den Tasten am Handy oder den Angaben auf Lebensmittelverpackungen: Wir alle würden davon profitieren, wenn diese größer und leichter zu lesen wären – nicht nur diejenigen unter uns, deren Sehvermögen bereits etwas nachlässt.

Leckerli und ihre Unterbringung

Wie schon gesagt, benutzt man im modernen Hundetraining häufig Futterbelohnungen, und Leckerchen sind sozusagen eine Art Handwerkszeug des Hundeerziehers. Das bedeutet aber auch, dass Sie gut überlegen sollten, wofür Sie Ihrem Hund Leckerlis geben. Wenn Sie ihm zu oft „einfach so" welche zustecken, verlieren sie ihren Wert als Belohnung. In den ersten Monaten mit Ihrem neuen Hund sollten sie stets Leckerchen dabei haben, um ihn im geeigneten Moment belohnen zu können. Später reicht es normalerweise, für Alltagsgehorsam nur noch gelegentlich ein Leckerli zu geben. Da es so über den Tag verteilt eventuell ziemlich viele Leckerchen gibt, sollten diese eher klein sein – für kleine Hunde oder Welpen etwa so groß wie eine Linse und für größere Hunde wie ein Kirschkern. Hunde finden Leckerchen dann interessant, wenn sie gut riechen, was oft eher bei etwas weicheren Sorten der Fall ist. Meist findet man unter den handelsüblichen Leckerchen etwas Passendes. Sonst darf es anfangs auch mal Käse oder Fleischwurst sein. Üben Sie das Füttern ruhig! Damit nichts herunterfällt und Ihr Hund nicht schnappt, können Sie ihm Leckerchen auch von der flachen Hand geben.

Eine gute Ausrüstung erleichtert vieles.

Eine Umhängetasche, in die man leicht hineingreifen kann, ist eine Möglichkeit.

Leckerchen-Tasche

Am besten besorgen Sie sich eine Tasche für die Leckerchen, damit Ihre Manteltasche nicht voller Krümel oder Fettflecken ist. Besonders wichtig bei einer Leckerchen-Tasche ist, dass man bequem und ohne langes Gefummel hineingreifen kann und dass man sie so an sich befestigen oder einstecken kann, dass man leicht herankommt. Wie bei allen Werkzeugen, die man oft benutzt, lohnt es sich hier auf alle Fälle, für eine gute Qualität etwas mehr zu investieren.

Akustische Signalgeber

Hunde sind keine Sprachwesen wie wir. Es ist für sie deshalb relativ schwer, aus all den Worten, die wir täglich von uns geben, diejenigen herauszuhören, die eine bestimmte Bedeutung für sie haben sollen, wie z. B. Hörsignale („Kommandos“) wie „Nein“, „Sitz“ oder „Komm“.

Man kann das Problem lösen, indem man solche Worte etwas lauter, mit besonderer Betonung und eher heller Stimme sagt. Doch das liegt nicht jedem und gerade ältere Menschen haben zudem manchmal ein wenig Probleme damit, ihre Stimme zu modulieren. Außerdem hat sich sowieso erwiesen, dass Hunde in manchen Bereichen auf „technische“ Geräusche besser reagieren als auf gesprochene Signale. Daher würden wir Ihnen empfehlen, für einige wichtige Signale Hilfsmittel zu benutzen.

Die Hundepfeife

Für das Kommen auf Ruf bietet es sich an, eine Hundepfeife zu benutzen. Sie brauchen und sollen nicht jedes Mal pfeifen, wenn Ihr Hund nur etwas näher herankommen soll. Aber wenn Sie ihn aus einiger Entfernung abrufen wollen und vor allem, wenn Sie ihn mal aus einer Situation rufen müssen, in der er gerade abgelenkt ist, geht dies mit einem Pfeifton einfach besser. Hundepfeifen bekommen Sie im Zoogeschäft. Wenn Sie nicht laut in der Gegend herumpfeifen mögen, nehmen Sie eine sogenannte lautlose, besonders hochfrequente Hundepfeife, die in unseren Ohren nur „pfft“ machen, vom Hund aber problemlos gehört wird. Näheres zum Training siehe Seite 112.

Eine Hundepfeife schont die Stimme …

… und die meisten Hunde reagieren sehr gut darauf.

Der Clicker

Vom Clicker war schon die Rede. Besorgen Sie sich einen Clicker mit einem Knopf (Button-Clicker oder i-Clicker), da er leichter zu bedienen ist. Ehe Sie mit Ihrem Hund üben, clickern Sie am besten ein bisschen in der Gegend herum (möglichst außer Hörweite des Hundes), um sich damit vertraut zu machen. Man drückt einfach einmal kurz auf den Knopf und lässt ihn dann sofort wieder los. Das erzeugt ein kurzes „Klick-Klack". (Damit man den Clicker beim Üben mit dem Hund immer griffbereit hat, kann man ihn sich übrigens mit einem Armband am Handgelenk oder mit einer ausrollbaren Schnur am Gürtel oder an der Leckerchen-Tasche befestigen.) „Spielen" Sie am besten so lange mit dem Clicker herum, bis Sie ihn mit beiden Händen mühelos bedienen können, ohne hinzugucken, und sich ein vertrautes Gefühl einstellt. Sie können Ihren Hund dann wie auf der nächsten Seite beschrieben an den Clicker gewöhnen und ruhig gleich eine erste kleine Übung damit machen.

Clicker mit Knopf sind leicht zu bedienen.

Beginnen Sie mit einigen sehr einfachen Übungen.

Clickern geht – mit etwas Erfahrung – sogar mit zwei Hunden.

Die Clicker-Gewöhnung

Um Ihrem Hund die Bedeutung des Clickers beizubringen, brauchen Sie ca. zehn Leckerchen. Die Leckerchen sollten schmackhaft, aber eher klein sein (etwa so groß wie eine Rosine), denn Sie brauchen relativ viele und Ihr Hund soll nicht gleich satt oder gar dick werden, sondern nur eine kleine Anerkennung bekommen. Legen Sie die Leckerchen auf einem kleinen Teller griffbereit und außer Reichweite Ihres Hundes (vielleicht auf der Küchenanrichte), sodass Sie sie schnell erreichen. Dann wiederholen Sie innerhalb der nächsten Minute folgenden Ablauf etwa fünf- bis zehnmal: Clicken Sie einmal. Sofort danach greifen Sie nach einem Leckerchen und geben es Ihrem Hund, egal, was er gerade tut. Die meisten Hunde horchen auf, wenn sie das neue Geräusch hören, doch auch wenn Ihr Hund das nicht tun sollte: Geben Sie ihm einfach so schnell wie möglich nach dem Click ein Leckerchen. Nach einigen Wiederholungen der Abfolge Click – Leckerchen werden Sie bemerken, dass Ihr Hund interessiert guckt oder angelaufen kommt, wenn Sie clicken. Er hat nun verstanden, dass der Clicker eine essbare Belohnung ankündigt und Sie können den Clicker ab jetzt als Brückensignal einsetzen. Zwei wichtige Regeln müssen Sie beachten, wenn Sie mit dem Clicker arbeiten, dann kann eigentlich nichts schiefgehen:

1. Nach jedem Click gibt es ein Leckerchen oder eine andere Belohnung.
2. Benutzen Sie den Clicker nicht, um Ihren Hund heranzurufen oder aufmerksam zu machen, sondern nur, um ein bestimmtes Verhalten zu belohnen.

Nach dem Click kann man in Ruhe das Leckerchen herausholen.

Die erste Übung mit dem Clicker

Als erste Übung schlagen wir vor, dass Sie Ihren Hund mit dem Clicker (und einem nachfolgenden Leckerchen) dafür belohnen, wenn er Sie anschaut. Die Übung ist einfach, aber ungeheuer nützlich, und eine gute Grundlage für viele weitere Dinge, die man vom Hund möchte. Üben Sie am besten zuerst in der Wohnung, ein paar Tage später auch mal draußen mit dem angeleinten Hund. Sie haben den Clicker in der Hand und die Leckerchen gut erreichbar in der Nähe, aber nicht in der Hand. Nun stehen Sie einfach herum und warten ab. Irgendwann schaut Ihr Hund Sie mal an, und sei es nur, weil ihm langweilig ist. Er braucht Ihnen nicht voll in die Augen zu schauen, damit Sie clicken. Er muss nur in Ihre Richtung gucken. Tut er es, drücken Sie schnell auf den Clicker und geben Ihrem Hund danach ein Leckerchen. Wiederholen Sie den Vorgang, bis Ihr Hund Sie fast ununterbrochen anschaut. Mehr kann man nicht erreichen. Beenden Sie daher die Übung mit einem letzten Leckerli, einem Streicheln und etwas Lob und packen dann Clicker und Leckerchen weg, sodass Ihr Hund merkt, dass die Übung zu Ende ist. Länger als ca. zwei Minuten sollten Sie nicht üben, auch wenn das Ziel der vollen Aufmerksamkeit in der ersten Trainingseinheit noch nicht ganz erreicht wurde.

Transportable Höhlen

Zumindest bei der Welpenerziehung ist eine Hundebox praktisch unverzichtbar. Die Box kann einer der Lieblings-Schlafplätze Ihres Welpen sein, denn die meisten Hunde mögen das höhlenartige Gefühl sehr gern. Nachts (oder eventuell auch zwischenzeitlich am Tage) können Sie die Box zumachen und sind dann sicher, dass Ihr Welpe nichts anfrisst und kein „Malheur" in der Wohnung passiert. Sollte er nachts ein Bedürfnis verspüren, wird er mit ziemlicher Sicherheit unruhig, da er sein „Bett" nicht beschmutzen möchte. So merken Sie es rechtzeitig und können mit ihm nach draußen gehen. Und Ihr Welpe lernt durch die Benutzung der Box ganz nebenbei, dass er auch einmal warten muss, nämlich bis Sie sich z. B. für einen morgendlichen Gassigang etwas übergezogen haben. Sogar das Üben des Alleinbleibens wird durch die Hundebox erleichtert. Hat Ihr Welpe seine Box als einen Ort kennengelernt, an dem er schläft und sich entspannt, erträgt er es leicht, dass Sie auch mal den Raum verlassen, wenn er darin ist – anfangs vielleicht nur ein paar Minuten, z. B. um noch schnell ins Bad zu gehen.

Wegen Überfüllung vorübergehend geschlossen!

Gewöhnung an die Box

Aus Sicht des Hundes ist dies kein Käfig, sondern ein Himmelbett.

Bei Welpen

Bei Welpen ist die Gewöhnung denkbar einfach. Sorgen Sie dafür, dass die Box der kuscheligste Schlafplatz im Raum ist. Die allermeisten Welpen gehen dann von selbst hinein, wenn sie müde sind (tut er das nicht, üben Sie wie für erwachsene Hunde beschrieben). Kommt Ihr Welpe in der Box zur Ruhe, schließen Sie leise die Tür. Bleiben Sie – ähnlich wie bei einem Kleinkind – die ersten Tage noch ein wenig bei ihm, eventuell mit einer Hand am Gitter, bis er fest eingeschlafen ist. Sollte Ihr Welpe unter diesen Umständen protestieren und Theater machen, ignorieren Sie ihn ruhig. Ignorieren heißt: nicht angucken, nicht anfassen und nicht ansprechen. Schon recht bald wird der kleine Wüterich aufgeben und vermutlich einschlafen. Das „Aussitzen" ist zumutbar, denn Ihr Welpe hat alles, was er braucht, und produziert nur einen „Trotzanfall". Ist dieser überstanden, hat er auch für die Zukunft viel gelernt.

Bei erwachsenen Hunden

Erwachsene Hunde und einzelne Welpen gehen nicht von allein in die Box, doch auch sie können sich mit etwas Geduld daran gewöhnen und fühlen sich dann darin wohl. Wenn Sie einen kleinen Hund besitzen, sollten Sie unbedingt versuchen, ihn an eine Box (oder auch an eine Transporttasche) zu gewöhnen. Denn eine Hundebox hat bei erwachsenen Kleinhunden ebenso viele Vorteile wie bei der Welpenerziehung. Erstens können Sie Ihren Hund in der Bahn oder im Flugzeug als Handgepäck mitnehmen, wenn er in einer Box reist. Und zweitens können Sie ihn mithilfe der Box oder Hundetasche leicht und bequem Treppen hinauftragen, ohne selbst schmutzig zu werden und das Ganze ist mit weniger Bücken verbunden, als wenn Sie ihn auf den Arm nehmen.

Boxentraining Schritt für Schritt

Nimmt Ihr Hund die Box nicht von selbst an oder Sie wollen üben, dass er die Box auf Ihr Zeichen hin betritt beziehungsweise verlässt, gehen Sie folgendermaßen vor:

Nehmen Sie den Clicker und ein paar Leckerchen zur Hand. Werfen Sie ein Leckerchen in die Box. Wenn Ihr Hund es sich holt (oder anfangs zumindest den Kopf hineinsteckt), clicken Sie, während er in die Box geht. Es macht nichts, wenn er nach dem Click oder nachdem er sich das Leckerchen geangelt hat, wieder herauskommt. Wiederholen Sie den Vorgang einige Male. Versuchen Sie, den Prozess abzuändern: Der Hund geht hinein, dann folgt der Click und danach das Leckerchen. Vielleicht haben Sie Glück und er geht von selbst hinein, wenn Sie etwas warten, um zu gucken, ob er noch weitere Leckerchen findet: Clicken Sie und werfen Sie das Leckerchen in die Box.

Tricksen erlaubt

Ansonsten müssen Sie etwas tricksen. Tun Sie z. B. so, als ob Sie ein Leckerchen in die Box werfen. Wenn Ihr Hund nachschaut, clicken Sie und werfen ihm das Leckerchen hinterher. Früher oder später wird er von selbst hineingehen und Sie danach anschauen, um zu prüfen, ob Sie clicken werden.

Ein Leckerchen hilft, eine eventuelle anfängliche Scheu zu überwinden.

Geht Ihr Welpe selbstständig in die Box: Click und Leckerchen!

Klappt das selbstständige Hineingehen, versuchen Sie, die Verweildauer des Hundes in der Box zu verlängern. Clicken und werfen Sie mehrfach, während er sich in der Box befindet. Vergrößern Sie anschließend die Abstände zwischen den Clicks (jeweils gefolgt von einem Leckerchen) nach und nach. Klappt das gut, können Sie die Tür auch mal schließen und hin und wieder einige Leckerchen geben, während Ihr Hund in der Box ist. Ist das Ganze Routine geworden, bekommt er nur noch zum Hineingehen und eventuell in der ersten Minute ein oder zwei Leckerchen.

„Geh schlafen“

Sobald Ihr Hund freiwillig in die Box geht, obwohl er weiß, dass Sie (noch) nichts hineingeworfen haben, ist es an der Zeit, ein Signal einzuführen, z. B. „Geh schlafen“. Sagen Sie es einfach beim Üben, kurz bevor Ihr Hund in die Box geht. Im Lauf der Zeit wird er auf Ihre Worte warten. Manche Hunde sind nach dem Training so gern in der Box, dass es sich empfiehlt, auch dafür zu clicken, wenn sie die Box verlassen. Belegen Sie es ebenfalls mit einem Signal, z. B. „Aufgewacht“. Obwohl die Übungsbeschreibung so klingt, als würde der Trainingsprozess ewig dauern, lernen die meisten Hunde innerhalb weniger Wochen, auf Kommando in die Box und wieder herauszugehen.

„Geschafft“ im wahrsten Sinne des Wortes.

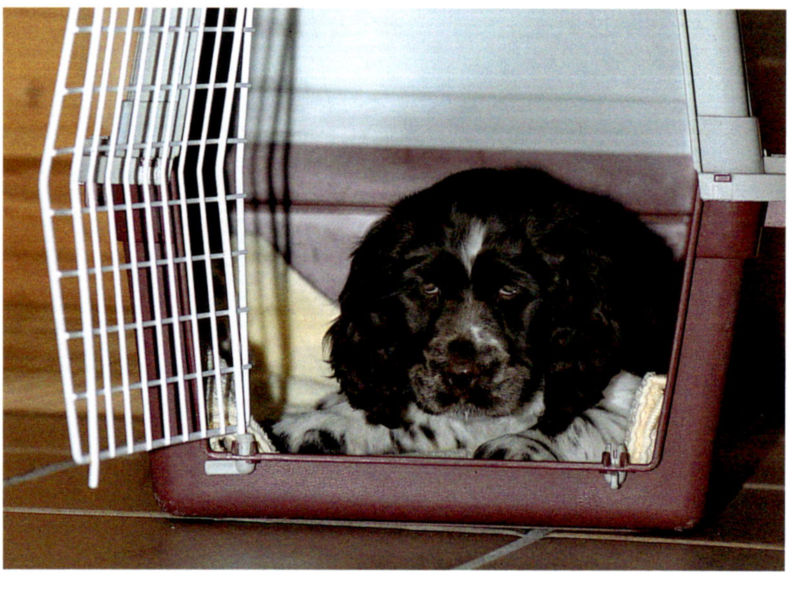

Bretter, die die Welt bedeuten

Welpen, aber auch alte Hunde, sehr große Hunde oder Hunde mit Hüft- oder Wirbelsäulenerkrankungen sollten oder können nicht springen, z. B. beim Ein- und vor allem Aussteigen ins Auto. Seit einigen Jahren gibt es im Fachhandel praktische, zusammenklappbare Rampen, die man als Ein- und Ausstiegshilfe verwenden kann. Das erspart einem das Hochheben des schweren und vielleicht nassen oder dreckigen Hundes. Achten Sie beim Anlegen der Rampe darauf, dass sie nicht verrutscht oder wackelt. Die meisten Hunde nehmen eine solche Rampe (oder auch einen kleinen, mit einer Gummimatte oder Filz beklebten Hocker) ohne große Umschweife an. Traut Ihr Hund sich nicht darauf, legen Sie die Rampe zuerst flach auf den Boden und üben dann, indem Sie erst Leckerchen auf die Rampe legen und dann clicken, wenn Ihr Hund eine Pfote daraufsetzt. Betritt er die flachgelegte Rampe unbefangen, lehnen Sie sie zuerst nur an eine Treppenstufe und wiederholen Sie den Vorgang, damit Ihr Hund sich an die Neigung gewöhnen kann.

Hineinheben kann man ihn beim besten Willen nicht …

… aber zum Glück gibt es ja komfortable Rampen.

Auf einem Tisch ist die Fellpflege wesentlich bequemer.

Frisch frisiert schaut man gleich ganz anders in die Welt.

Auf den Tisch

Eine weitere sehr nützliche Einrichtung ist ein Pflegetisch. Ausgestattet mit einer rutschfesten Gummimatte oder mit einem Teppichrest beklebt sollte der Tisch eine Höhe haben, die es Ihnen erlaubt, Ihren Hund bequem zu bürsten oder sonstige Pflegemaßnahmen durchzuführen. Wenn Sie den Tisch mit einer Rampe versehen und genug Platz in der Waschküche haben, um ihn dauerhaft dort stehen zu lassen, kann er Ihnen sogar gute Dienste beim Pfotenabwischen leisten. Die Gewöhnung an den Tisch erfolgt ganz ähnlich wie das Boxentraining oder die Gewöhnung an eine Rampe. Locken (oder heben) Sie Ihren Hund auf den Tisch und belohnen Sie ihn mit ein paar Leckerchen, bis er sich dort wohlfühlt und eventuell freiwillig hinaufklettert. Anschließend können Sie ein Signal für Hinauf und Hinunter einführen, z. B. „Auf“ und „Ab“.

Haken und Ösen

Wenn ich eine Bitte an die Hersteller von Hundezubehör äußern könnte, wäre es folgende: Bitte stellen Sie Halsbänder, Geschirre und Leinen für Kleinhunde und Welpen her, die leichte, aber große Ringe und leicht zu bedienende Karabinerhaken haben. Denn je kleiner der Hund, desto winziger die Haken und Ringe und desto schlimmer das Gefummel beim Anleinen. Das ist nicht nur lästig für Sie, sondern auch äußerst unangenehm für den Hund, denn Hunde fühlen sich unbehaglich, wenn man sich über sie beugt, an ihrem Rücken oder Nacken herumfummelt und -zerrt. Das liegt zum Teil daran, dass das Darüberbeugen in der Hundesprache einer Drohung entspricht und Hunde einander bei einem ernsten Kampf im Halsbereich packen würden. Außerdem stört es die Hunde wahrscheinlich einfach, am Halsband gepackt und herumgezerrt zu werden, während wir Menschen mit Karabinerhaken kämpfen. Schlimmstenfalls verknüpft Ihr Hund das Angeleintwerden mit unangenehmen Gefühlen und beginnt, Ihnen auszuweichen, wenn Sie nach seinem Halsband greifen. Oder er kommt immer schlechter auf Ihren Ruf, weil er weiß, dass danach oft das lästige Anleinen kommt.

Die Hände nähern sich hier rücksichtsvoll von der Seite.

Bedienerfreundliche Ausrüstung und Trockenübungen

Versuchen Sie deshalb, eine Ausrüstung zu finden, die leicht zu bedienen ist. Probieren Sie im Zoogeschäft ruhig mehrere Varianten aus, bis Sie eine finden, die leicht zu handhaben ist. Notfalls können Sie vielleicht einen zusätzlichen, größeren Ring an einem kleinen Halsband befestigen. Bemühen Sie sich beim Anleinen, sich mit der Hand von der Seite zu nähern, das macht schon viel aus. Und auch wenn es Ihnen lächerlich erscheinen mag: Es ist keine schlechte Idee, das Anleinen ohne Hund zu üben, bis es Ihnen leicht von der Hand geht.

Zappeln verboten

Auch Ihr Hund soll sein Teil dazu beitragen, damit das Anleinen klappt. Viele Hunde springen nämlich in ihrer Vorfreude auf den Spaziergang wild herum, drehen sich im Kreis usw., sodass das Anleinen zu einem akrobatischen Akt wird. Bringen Sie Ihrem Hund also bei, beim An- und Ableinen stillzuhalten, damit dieser Vorgang vom Ärgernis zum Vergnügen für Sie beide wird. An sich ist das ganz einfach. Auch Blindenführhunde lernen solche Dinge.

Er hält trotz des lästigen Gefummels vorbildlich still.

Mithilfe erwünscht

Erstes Ziel ist, dass Ihr Hund von selbst „den Kopf in die Schlinge" steckt. Machen Sie aus einem steifen Material eine große Schlinge, die Sie so in einer Hand halten können, dass sie offen bleibt. Das geht mit einer Lederleine ganz gut. Halten Sie Ihrem Hund mit einer Hand die Schlinge vor die Nase. Mit der anderen Hand reichen Sie ihm ein Leckerchen, allerdings so, dass er es nur nehmen kann, wenn er dazu den Kopf durch die Schlinge steckt. Es macht gar nichts, wenn er ihn danach sofort wieder herauszieht. Nachdem Sie den Vorgang im Verlauf von ein oder zwei Tagen ca. 30-mal wiederholt haben, nehmen Sie statt des Leckerchens den Clicker zur Hand. Halten Sie Ihrem Hund die Schlinge wie bisher vor die Nase und warten Sie ab. Höchstwahrscheinlich reckt er nach einer Weile zaghaft den Kopf vor, sonst müssen Sie ihn mit der „Clickerhand" etwas locken. Sobald er auch nur die Nase durch die Schlinge steckt, clicken Sie und geben ihm ein Leckerchen, das griffbereit, aber außer seiner Reichweite bereitlag. Üben Sie, bis Ihr Hund freiwillig den Kopf in die Schlinge steckt, und verknüpfen Sie seine Handlung mit dem Signal „Anziehen".
Wenn Sie nun zum echten Halsband oder Geschirr überwechseln, müssen Sie mit kleinen Rückschlägen rechnen, da die Situation wieder neu für Ihren Hund ist. Aber schon bald zieht er sich von allein an.

Mit einem solchen Ring könnte man das „Nasedurchstecken" üben …

… aber es gibt natürlich auch andere Verwendungsmöglichkeiten.

Mit „Aufstiegshilfe“ ist das Anleinen für beide Seiten einfacher.

Leine einklinken

Nun kommt die Leine dazu. Sie halten den Clicker in der einen und die Leine in der anderen Hand. Strecken Sie die Hand mit dem Karabinerhaken der Leine nach Ihrem Hund aus. Springt er weg oder zappelt, warten Sie ein paar Momente ab und versuchen es erneut. Hält er auch nur eine Sekunde still, während Ihre Hand sich nähert, clicken Sie und geben ihm ein Leckerchen. Üben Sie solange, bis er bombenfest steht, während Sie sein Halsband anfassen, mit dem Karabiner schnippen und ihn schließlich einhaken. Da Ihr Hund bald begreifen wird, dass er umso schneller zu seinem Spaziergang kommt, wenn er stillhält, belohnt sich der Vorgang bald selbst und Sie brauchen nicht mehr zu clicken und zu belohnen.

Entgegenkommen

Wenn Sie Mühe haben, sich zu bücken und Ihr Hund klein ist, können Sie sogar noch eins draufsetzen, indem Sie Ihrem Hund beibringen, zum Anleinen wahlweise an Ihrem Bein hochzuspringen (Vorsicht, Schmutzgefahr!) oder die Vorderpfoten auf einen Hocker oder Stuhl zu stellen. Dieses Kunststück bringen Sie ihm am besten mit einem Target bei (siehe Seite 88–91).

Halten Sie das Target (oder Ihre Hand) so über den Hocker (oder Ihren Oberschenkel), dass Ihr Hund daran hochstehen muss, um es anzustupsen. Tut er es: clicken und belohnen. Es macht nichts, falls er nach dem Click wieder herunterspringt. Er bekommt sein Leckerchen trotzdem, denn das Clicken bedeutet auch: „Danke, genug." Klappt das, halten Sie das Target oder Ihre Hand sehr hoch, sodass Ihr Hund zwar die Pfoten auf dem Hocker hat, aber das Target nicht mehr mit der Nase berühren kann. Dieser Übungsschritt macht Ihrem Hund begreiflich, dass das Anstupsen des Targets Nebensache ist und es auf seine Körperhaltung ankommt. Schließlich reicht es, die Lockbewegung mit dem Target oder Ihrer Hand nur noch anzudeuten. Zögern Sie den Zeitpunkt des Clicks beim weiteren Üben immer mehr heraus, bis Ihr Hund mehrere Sekunden an Ihnen oder auf dem Hocker hochstehen muss, ehe der Click (oder das Anleinen) kommt. Wie üblich können Sie nun ein Hörsignal einführen. Sie können aber auch die Handbewegung beibehalten, um Ihren Hund zum Hochstehen zu ermuntern.

Hier wird zwar „Mach hübsch" geübt, aber das Trainingsprinzip ist das gleiche.

Target-Training

Ein Target (Englisch = Ziel) nennt man im Tiertraining ein Objekt, das das Tier mit der Nase (oder manchmal auch mit der Pfote oder einem anderen Körperteil) berührt, weil man es ihm so beigebracht hat. Mithilfe des Targets kann man dem Tier weitere Verhaltensweisen beibringen. Delphine und andere Tiere lernen z. B., ihre Schnauze an eine Frisbee-Scheibe oder Ähnliches zu drücken, während der Tierarzt sie untersucht oder ihnen eine Spritze gibt. Das hindert sie daran zu beißen und gibt ihnen etwas, worauf sie sich konzentrieren können, um sich von ihrem Stress abzulenken. Zoo- oder Zirkustieren bringt man auch bei, der Faust des Trainers mit der Nase zu folgen. So kann man sie ohne Leine dirigieren und „bei Fuß“ nehmen. Auch im Hundetraining hat sich die Verwendung von Targets als nützlich erwiesen und Targettraining wird immer bekannter.

Das kleine Fellstückchen erregt besonderes Interesse.

Hand anstupsen

Notfalls können Sie die ersten Male als Anreiz etwas in die Hand nehmen.

Die einfachste Target-Übung besteht darin, Ihrem Hund beizubringen, dass er an Ihre Hand stupst. Am besten geht dies wieder mit dem Clicker. Nehmen Sie den Clicker in die Hand. Die Leckerchen sind griffbereit, aber außer Reichweite Ihres Hundes. Nun halten Sie Ihrem Hund die andere, leere Hand als Target hin. Günstig ist, wenn Sie sie in bestimmter Form (z. B. als Faust) halten, damit Ihr Hund diese Handhaltung als Signal verknüpft. Mit ziemlicher Sicherheit stupst Ihr Hund nun an Ihre Faust. (Kommt er nicht auf die Idee, könnten Sie die ersten ein oder zwei Male ein kleines Leckerchen tief in der Faust verborgen halten.) Clicken Sie in dem Moment, in dem Sie die Nase Ihres Hundes an Ihrer Faust spüren und geben ihm danach ein Leckerchen. Die meisten Hunde verstehen dies innerhalb von einem Dutzend Wiederholungen. Mit diesem kleinen, aber nützlichen „Trick" können Sie Ihren Hund z. B. an Ihre Seite holen, ihn beiseite gehen lassen, falls er im Weg steht, oder ihn dazu veranlassen, ins Auto einzusteigen. Die Übung eignet sich auch als Ablenkung, etwa um an Hunden vorbeizugehen.

Target-Training

Targetstab

Fast ebenso schnell lernen Hunde, an das Ende eines Stabes („Targetstab") zu stupsen und diesem zu folgen. Sie haben dann eine Verlängerung Ihres Armes, was für die Erziehung von kleinen Hunden nützlich und besonders knieschonend für uns Menschen ist. Sie können den Targetstab z. B. benutzen, um Ihren Hund zu führen, statt ihn mit einem Leckerchen zu locken. Dazu halten Sie die Spitze einfach dahin, wo Ihr Hund hingehen soll und belohnen ihn dafür, dass er es tut. Das ist z. B. hilfreich bei der Gewöhnung an Hundebox, Rampe und Pflegetisch oder zum Hochstehen an einem Hocker. Targettraining eröffnet auch zahlreiche Möglichkeiten, den Hund artgerecht zu beschäftigen.

Clicken Sie JETZT!

Hier hat der Hund gelernt, das Target mit der Pfote statt mit der Nase zu berühren.

Das klappt dann auch, wenn das Target auf dem Boden liegt.

Geeignete Targetstäbe

Als Target können Sie einen Kochlöffel aus Plastik, eine Fliegenklatsche oder einen ausziehbaren Zeigestab nehmen. Es gibt auch praktische Targetstäbe extra fürs Hundetraining. Halten Sie den Stab in der einen und den Clicker in der anderen Hand. Halten Sie den Stab so ähnlich wie einen Kochlöffel beim Umrühren, sodass die Spitze des Stabes ganz dicht vor der Nase Ihres Hundes, Ihre Hand, die den Stab hält, aber weiter oben ist. (Am besten hantieren Sie zuvor zu Übungszwecken ohne Hund etwas mit dem Stab herum, bis Sie den Dreh heraushaben.) Die allermeisten Hunde werden nun an dem Stabende schnuppern – clicken Sie sofort und geben ihm danach ein Leckerchen. Dann halten Sie ihm den Stab erneut vor die Nase usw. So lernt Ihr Hund innerhalb von einer oder mehreren kleinen Übungseinheiten von ein oder zwei Minuten, dass er belohnt wird, wenn er mit der Nase an das Stabende stupst. Sollte Ihr Hund gar kein Interesse an dem Stab haben oder etwas ängstlich sein, können Sie die Spitze entweder mit Käse oder Wurst abreiben. Oder Sie halten den Stab anfangs so, dass nur seine Spitze aus Ihrer Hand herausragt. Beißt er immer wieder in den Stab und kaut darauf herum, nehmen Sie etwas Stabiles aus Metall, z. B. einen großen Metalllöffel oder einen Angelrutenhalter. Ignorieren Sie das Kauen und clicken Sie konsequent nur dann, wenn Ihr Hund mit geschlossener Schnauze stupst.

Eine Ausroll-Leine sollte natürlich nicht die Erziehung ersetzen

Eine Glaubensfrage: die Ausroll-Leine

Automatische Ausroll-Leinen (z. B. Flexi-Leinen) gibt es nun schon seit einigen Jahrzehnten und immer noch erhitzen sie die Gemüter. Oft wird behauptet, dass solche Leinen den Hund das Leinenziehen lehren würden oder dass Besitzer, die Ihren Hund an einer Ausroll-Leine führen, nur zu faul seien, um ihren Hund richtig zu erziehen. Tatsache ist, dass die Ausroll-Leine einem Hund viel mehr Bewegungsspielraum ermöglicht und für seinen Besitzer einfach viel bequemer ist als eine normale lange Leine. Dass Hunde dadurch lernen, erst recht an der Leine zu ziehen, stimmt einfach nicht. Im Gegenteil: Viele Hunde ziehen insgesamt weniger an der Leine, wenn sie mehr Spielraum haben.

Sinnvoll für erzogene Hunde

Was die Erziehung betrifft, sind Ausroll-Leinen sozusagen etwas für den mittelgut erzogenen Hund. Ein ganz schlecht erzogener Hund würde seinen Besitzer mit der Leine einwickeln oder sie ihm aus der Hand reißen, weil er unvermittelt losstürmt. Und ein perfekt erzogener Hund könnte überall frei laufen und brauchte theoretisch gar keine Leine. Doch wer ist schon perfekt? Und dann sind da noch die Gesetzesvorschriften, die den Freilauf in städtischem Gebiet oft gar nicht erlauben, und der gefährliche Straßenverkehr. Da ist eine Ausroll-Leine doch eine gute Möglichkeit, finden wir.

Handhabung

Wie bei jedem Hilfsmittel gibt es natürlich auch bei der Ausroll-Leine einiges zu beachten. Das Wichtigste: Sie dürfen unter gar keinen Umständen mit der bloßen Hand in den dünnen Teil der Schnur greifen! Man holt sich üble Verbrennungen an der

Handfläche, falls man das reflexartig macht, wenn der Hund an der Ausroll-Leine plötzlich losrennt. Ab einer gewissen Größe und einem gewissen Schwung reißt der Hund einem die Leine auch einfach aus der Hand, wenn er nach vollen fünf oder acht Metern Anlauf das Ende der Leine erreicht. Verzichten Sie deshalb bei einem größeren Hund lieber auf die Ausroll-Leine oder verwenden Sie sie nur, wenn Sie sicher sind, dass Sie es schaffen, schnell genug aufs Stopp-Knöpfchen zu drücken, falls Ihr Hund losrennen will. Können Sie ihn bereits nach ein oder zwei Schritten bremsen, hat er nämlich noch nicht so viel Wucht. Und was das Ziehen betrifft: Wenn Sie eine Ausroll-Leine verwenden, sollten Sie Ihrem Hund normalerweise die volle Länge lassen (es sei denn, Sie gehen an der Straße oder er könnte Passanten „einwickeln“). Denn wenn Sie ihn wahllos mal nach einem, mal nach drei und mal nach fünf Metern stoppen, kann er natürlich nicht lernen, welchen Radius er einhalten soll.

Normalerweise sollte man dem Hund die ganze Länge lassen.

Üben Sie das Umlegen ruhig erst einmal ohne Hund.

Das Halti

Das Halti, ein Hundekopfhalfter, ist die geniale Lösung für all diejenigen, die – sei das vernünftig oder nicht – einen Hund besitzen, der stärker ist als sie selbst. Beim Halti wird die Leine unter dem Kinn des Hundes befestigt. Falls er versucht zu ziehen, kann er nun nur noch das Gewicht seines Kopfes in die Waagschale werfen, während er am Halsband oder gewöhnlichen Brustgeschirr sein ganzes Körpergewicht gegen Sie einsetzen kann. Zudem wird seine Zugkraft seitlich oder nach unten umgelenkt, wenn er versuchen sollte, am Halti zu ziehen. Fast alle Hunde bemerken das innerhalb weniger Tage und gehen dann mit dem Halti ganz manierlich, d. h. sie versuchen oft gar nicht mehr oder sehr viel seltener, ihren Besitzer hinter sich herzuschleifen. Und falls Ihr Hund es trotzdem versuchen sollte, können Sie ihn mit dem Halti locker daran hindern, ohne in Gefahr zu kommen, dass er Sie umreißt.

Nachteile

Das Halti hat aber auch seine Nachteile, wie alles im Leben. Zunächst mal muss man den Hund daran gewöhnen, was etwas Zeit und Geduld in Anspruch nimmt. Einige wenige Hunde gewöhnen sich nur schlecht an das Halti und sind dauerhaft gestresst, wenn sie es tragen müssen. Leider ersetzt das Halti auch nicht die Erziehung zur Leinenführigkeit, denn ein Hund, der

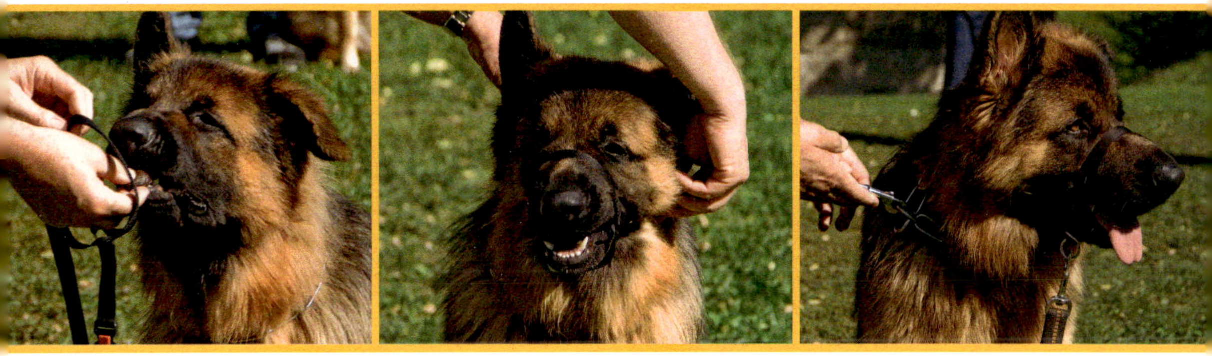

Ihrem Hund versüßen Sie die Gewöhnung dann mit ein paar Leckerlis.

am Halti brav an lockerer Leine geht, zieht unter Umständen ohne Halti dennoch wie ein Pferd. Manche Mitmenschen denken außerdem, das Halti sei ein Maulkorb und halten den Hund für bissig. Doch dem kann man ja durch Aufklärung entgegenwirken.

Gewöhnung an das Halti

Wenn Sie ein Halti benutzen wollen, würden wir Ihnen vorschlagen, dass Sie ein oder zwei Einzelstunden bei einem Hundetrainer nehmen, der sich mit Haltis auskennt. Er kann Ihnen die Handhabung in der Praxis zeigen und Ihnen dabei helfen, das Halti richtig anzupassen und Ihren Hund an das Halti zu gewöhnen. Falls Sie es allein versuchen wollen, beginnen Sie mit der Gewöhnung wie Seite 85 beschrieben, nur dass der Hund diesmal nicht den ganzen Kopf, sondern nur die Schnauze durch den Ring stecken soll. Normalerweise führt man Hunde am Halti mit einer doppelten Leine. Ein (möglichst leichter) Karabinerhaken wird ins Halti gehakt, ein zweiter ist wie sonst auch am Halsband oder Brustgeschirr befestigt. Der Hund sollte am Halti an durchhängender Leine geführt werden. D.h. dass Sie nicht dauerhaft an der Leine ziehen sollten, wenn Sie sie am Halti befestigt haben. Sie dürfen auch keinesfalls am Halti rucken. Das Halti wirkt an sich selbstbegrenzend und wird sozusagen „passiv" geführt. Sollten Sie Ihren Hund einmal am Vorstürmen hindern müssen, ziehen Sie die Haltileine möglichst weich und gleichmäßig zu einer Seite, sodass Ihr Hund in einen kleinen Kreis gezwungen wird.

Einzelne Hunde gewöhnen sich nur sehr schwer ans Halti.

Halti-Geschirre

Seit einigen Jahren gibt es auch Halti-Geschirre („Halti-Harness“). Das ist ein Brustgeschirr, bei dem man den zweiten Karabinerhaken der Leine vorn vor der Brust des Hundes einhaken kann, ohne dass das Ganze verrutscht (was manchmal passiert, wenn man dasselbe bei Geschirren macht, die nicht speziell dafür konstruiert sind). Mit einem solchen Geschirr hat man ähnlich wie beim Halti eine Möglichkeit, den Hund aus der Geraden zu ziehen, wenn es nötig ist, sodass es ihm schwerer fällt, mit aller Kraft an der Leine zu ziehen. Die Wirkung ist allerdings gegenüber dem echten Halti sehr abgeschwächt. Dennoch ist so ein Geschirr einen Versuch wert, denn Hunde akzeptieren es gewöhnlich sofort und ohne Eingewöhnung.

Info

Würgekette, Stachelhalsband und Co.

Bitte lassen Sie sich nicht dazu überreden oder dazu hinreißen, es mit einer Würgekette, einem Stachelhalsband oder einem Geschirr mit Zugwirkung unter den Achseln zu versuchen. All diese Hilfsmittel wirken über Schmerz und sind Tierquälerei. Zudem nutzen sie oft nicht viel, da die Hunde entweder im Laufe der Zeit abstumpfen oder paradoxerweise durch verstärktes Ziehen versuchen, der unangenehmen Situation zu entkommen. Es kann außerdem passieren, dass sie den Schmerz und die Unannehmlichkeiten mit der Situation verknüpfen und deshalb aggressiv gegenüber entgegenkommenden Hunden oder Passanten werden.

Die richtige Hundeschule

Das Angebot einer Hundeschule zu nutzen kann eine große Hilfe sein, vor allem, wenn Sie Hundeanfänger sind, einen Welpen erziehen oder einen erwachsenen Hund übernommen haben, bei dem sich problematische Verhaltensweisen zeigen. Nehmen Sie sich Zeit, die richtige Hundeschule zu suchen. Wichtig ist, dass gewaltfrei gearbeitet wird. Lassen Sie sich aber nicht von schönen Worten blenden – jeder nennt sich heute „positiv". Gucken Sie lieber vorab ohne Hund beim Unterricht zu. Werden die Hunde mit Zwang oder Leinenrucken zum Ausführen der Übungen gebracht, körperlich gestraft oder im Kommandoton angesprochen, nehmen Sie Abstand davon. Denn erstens ist dies nicht tierfreundlich und veraltet und zweitens erfordern solche Methoden fast gymnastische Fähigkeiten und Kraftanstrengungen. Bei Hunden, die mit Zwang, Einschüchterung und Strafen erzogen werden, ist außerdem die Gefahr groß, dass sie aus Stress oder Unsicherheit aggressiv werden.

Lernen können Mensch und Hund am besten in einer entspannten Atmosphäre.

Erst wird erklärt, dann probieren alle die neue Übung aus.

Freundlich entspannte Atmosphäre

Achten Sie bei der Hundeschule Ihrer Wahl außerdem darauf, ob die Atmosphäre im Unterricht freundlich und entspannt ist und man geduldig mit Mensch und Hund umgeht. Der Trainer sollte entgegenkommend und offensichtlich bereit sein, individuelle Hilfe anzubieten. Allein schon wegen der besseren Akustik haben Sie mehr von kleinen Gruppen. Erkundigen Sie sich, ob auch Einzelunterricht möglich ist. Einzelstunden sind natürlich etwas teurer, aber der Aufwand lohnt sich, denn Sie ersparen sich lange Wartezeiten, haben die volle Aufmerksamkeit des Trainers und er kann leichter individuelle Lösungen für Sie und Ihren Hund finden.

Der Trainer gibt, wenn nötig, individuelle Hilfestellung.

Hilfestellung vom Trainer

Natürlich wollen und sollen Sie Ihren Hund selbst erziehen. Eine sogenannte Fremdausbildung, bei der der Hund einige Wochen zum Trainer gegeben wird, bringt nicht viel, da Hunde stark personenbezogen lernen. Ihr Hund würde zwar beim Trainer perfekt gehorchen, aber meist gelingt es nicht, dies vollständig auf den Besitzer zu übertragen.

Viele Hundeschulen haben auch Stadtgänge im Programm.

Falls Sie körperlich nicht mehr ganz so fit sind, könnte es jedoch bei einigen Übungen sehr hilfreich sein, wenn ein Trainer die ersten Durchgänge mit Ihrem Hund macht. Er kann z. B. die Haltigewöhnung übernehmen oder die Anfänge der Leinenführigkeit oder des Abbruchsignals mit ihm üben. Sie haben es dann leichter. Noch innerhalb der ersten Trainingsstunde sollte der Trainer allerdings Hund und Übung an Sie weitergeben.

Sagen Sie, was Sie wollen

Tipp

Falls Sie ein Handicap haben (z. B. etwas schwerhörig sind oder ein steifes Knie haben), ist es für den Trainer sehr hilfreich, wenn Sie ihm dies mitteilen. Ebenso, wenn Sie sich die Durchführung bestimmter Methoden nicht recht zutrauen oder eine Übung aus irgendwelchen Gründen nicht mitmachen können oder wollen. In aller Regel gibt es nämlich Alternativen. Weiß der Trainer jedoch nicht, warum Sie etwas nicht umsetzen, was er rät, kann er Ihnen auch nicht weiterhelfen.

4

Hunde-Erziehung mit Köpfchen

Stubenreinheit und gutes Benehmen

Natürlich kann man einem Hund vieles beibringen. Aber es sind neben den wichtigen Themen Stubenreinheit und gutes Benehmen im Haus eigentlich nur wenige grundlegende Dinge, die wirklich wichtig sind. Ihr Hund sollte auf Ruf kommen, leinenführig sein, auch einmal warten können und sich problemlos anfassen und pflegen lassen. Ist all dies gegeben, haben Sie beide alle Voraussetzungen für ein angenehmes Miteinander.
Dies betrifft vermutlich vor allem Welpen. Bis zu einem gewissen Grad gilt es aber auch für einen erwachsenen Hund, den Sie gerade neu übernommen haben, denn auch er muss ja erst lernen, welche Regeln in seinem neuen Zuhause gelten. Da bei der Aufzucht von Welpen einiges zu beachten ist, das den Rahmen dieses Buches sprengen würde, empfehlen wir Ihnen, gegebenenfalls zusätzlich noch etwas über Welpenerziehung zu lesen.

Wehret den Anfängen

Das Prinzip der Hauserziehung ist: „Wehret den Anfängen!“ Am besten beaufsichtigen Sie Ihren Welpen die ersten Wochen möglichst lückenlos, damit er sich gar nicht erst etwas Unerwünschtes angewöhnen kann. Nachts sollte er daher in seiner Box schlafen. Tagsüber behalten Sie ihn immer in Sichtweite. Entweder folgen Sie ihm, wenn er in der Wohnung herumläuft, oder Sie machen die Türen zu. Sollte der Welpe unruhig herumlaufen oder sich plötzlich zielstrebig ein Stück von seinem Hauptaufenthaltsort entfernen, kann das bedeuten, dass er hinausmuss. Bringen Sie ihn immer hinaus, wenn er nach einem Schläfchen aufwacht sowie nach dem Fressen und nach einer Spielphase. Bei sehr jungen Welpen merkt man manchmal nicht viel, da es sie sehr plötzlich überkommt. Mit etwa zwölf Wochen kann der Welpe schon länger einhalten und sucht meist deutlicher nach dem passenden Ort. Außerdem hat man inzwischen einen Blick dafür entwickelt, wann es so weit ist.

Brav gemacht!

Lückenlose Überwachung

Das „Überwachen“ rund um die Uhr ist auch hier der beste Weg, dem Welpen beizubringen, dass er in der Wohnung nichts anfressen und nicht auf die Möbel springen darf. Denn wenn Sie ihn immer im Auge behalten (es sei denn, er schläft gerade fest oder ist sicher in seiner Box untergebracht), können Sie sofort einschreiten, wenn er etwas Verbotenes tun will. Lenken Sie ihn ab, holen Sie ihn kommentarlos weg oder verbieten Sie ihm sein Tun (siehe Seite 104). Auf der anderen Seite geben Sie ihm immer wieder neue und attraktive Spiel- und Kaugegenstände (siehe Seite 131). So lernt er nach und nach, was erlaubt ist und was nicht. Zudem wächst er mit der Zeit aus der „Knabberphase“ heraus. Er kann allerdings mit ca. zehn Monaten noch einmal einen vorübergehenden „Rückfall“ erleiden. Verzweifeln Sie nicht, sondern geben Sie ihm wieder mehr zu kauen.

Mit dieser ganz „legalen“ Beute ...

Anstrengende Zeiten

Info

Wie Sie sehen, ist die Welpenerziehung beinahe eine sportliche Angelegenheit. Die ersten Wochen ist man reichlich damit beschäftigt, hinter dem Welpen herzulaufen, ihn hinein- und hinauszutragen oder hinter ihm sauberzumachen. Schlaf- und Wachphasen richten sich fast wie bei einem Säugling nach dem Rhythmus des Kleinen. Doch hält dieser sehr anstrengende Zustand zum Glück nur wenige Wochen an. Einen erwachsenen Hund sollten Sie die ersten Tage auch lückenlos beaufsichtigen und relativ oft und regelmäßig mit ihm hinausgehen, bis Sie sein Verhalten einschätzen können und er sich an Ihren Tagesablauf gewöhnt hat.

... darf man den Löwen spielen, der den erlegten Büffel wegschleppt.

Hoppla! Das könnte eine „illegale“ Beute sein …

Abbruchsignale

Es gibt Situationen, in denen man seinem Hund mitteilen muss oder möchte, dass er sein Verhalten sofort unterbrechen soll und manchmal auch, dass sein Verhalten nicht akzeptabel ist. Gewöhnlich verwendet man in diesem Bereich Brückensignale, da man vielleicht nicht direkt neben dem Welpen steht, also nicht im optimalen Moment eingreifen kann. Fangen wir mit der zweiten Variante, dem strikten Verbot, an. Ihr Welpe knabbert z. B. an einer Topfpflanze. Rufen Sie ein kurzes hartes Wort mit tiefer Stimme, z. B. „Pfui“ oder „Na!“. Sensible Hunde unterbrechen ihr Tun sofort. Sie können Ihren Hund dann zu sich locken oder hingehen und ihn von dem verbotenen Ding wegholen. Macht er munter weiter, bewegen Sie sich nach dem „Na!“ sehr schnell und in drohender Haltung (mit breiten Schultern, aufrecht und etwas steif und mit gerunzelter Stirn) auf ihn zu. Lässt er sich auch davon nicht beeindrucken, geben Sie ihm im Schulterbereich einen kleinen, harten Schubser mit der Hand. Nach wenigen Wiederholungen sollte das drohend gesprochene „Na!“ ausreichen, damit Ihr Hund aufhört.

Frust erzeugen

Eine „weichere“, aber nicht weniger wirksame Variante ist das Üben über Frust. Am besten nehmen Sie hierzu ein anderes Wort, z. B. „Äh-äh“ oder „Off“. Füttern Sie Ihrem Hund nacheinander einige Leckerchen aus der Hand. Achten Sie darauf, dies immer mit derselben Handbewegung zu tun. Irgendwann sagen Sie vor dem Präsentieren des nächsten Leckerchens einmal „Off“. Will Ihr Hund das Leckerchen nehmen, schließen Sie die Hand. Er wird daran stupsen, lecken, vielleicht sogar kratzen. Irgendwann hört er auf und weicht in irgendeiner Form ein Stückchen zurück, lehnt sich vielleicht nach hinten oder dreht den Kopf weg. In diesem Moment loben (oder clicken) Sie und belohnen Ihren Hund – aber nicht mit dem Leckerchen, das Sie ihm vorenthalten haben, sondern mit einem anderen! Üben Sie so lange, bis Sie die Hand gar nicht mehr schließen müssen, da Ihr Hund bereits auf das „Off“ hin von dem angebotenen Leckerchen zurückweicht. Üben Sie mit verschiedenen Leckerchen. Legen Sie auch mal ein Leckerchen auf den Boden oder auf ein Möbelstück und sagen „Off“. Und bitten Sie Hilfspersonen, Ihrem Hund Leckerchen anzubieten, während Sie „Off“ sagen. Durch vielfältiges und fleißiges Üben bekommt man eine sehr sichere Reaktion auf das „Off“.

Dieser Hund zeigt durch das Wegschauen an, dass er das Verbot akzeptiert.

Ein fairer Tausch: Gibst du mir den Ball …

Ausgeben

Das „Na!“ oder „Off“ ist für Situationen gedacht, in denen Ihr Hund im Begriff ist, etwas Verbotenes zu tun. Anders sieht es aus, wenn er bereits etwas in der Schnauze hat oder frisst, das er eigentlich nicht haben soll. Wenn Sie mit „Na!“ drohend auf ihn zugehen, läuft er wahrscheinlich einfach mit seinem Diebesgut weg. Und auch für ein „Off“ ist es nun zu spät, denn er hat sich und Ihnen gerade bewiesen, dass er sich den Gegenstand sehr wohl nehmen konnte, egal was Sie sagen. Für solche Situationen sollten Sie also ein anderes Signal benutzen, z. B. „Gib her“ oder „Aus“.

Das Üben geht so: Ihr Hund hat z. B. einen Kauknochen. Sie haben etwas Besseres, z. B. ein Stückchen Wurst, hinter Ihrem Rücken versteckt. Sagen Sie freundlich „Aus“, wenn Sie noch etwa zwei Meter vom Hund entfernt sind. Danach gehen Sie auf ihn zu, holen dabei die Wurst hervor und geben Sie ihm. Sollte er den Kauknochen fallen lassen und nichts dagegen haben, dass Sie danach greifen, nehmen Sie den Knochen kurz auf, loben Ihren Hund und geben ihm den Knochen wieder. Andernfalls üben Sie die ersten Tage nur, ihm Leckerchen zu bringen, während er den Knochen kaut, und versuchen gar nicht erst, den

... gebe ich dir das Leckerchen.

Knochen wegzunehmen. Zeigt Ihr Hund dennoch Fluchttendenzen, binden Sie ihn anfangs eventuell zum Üben an und werfen ihm die Leckerei einfach nur zu.

Lass uns tauschen

Auch dieses „Tauschen" funktioniert mit etwas Übung sehr gut. Es hat nur den einen Haken, dass sich das Klauen aus Hundesicht lohnen könnte, falls Sie öfter geklaute Gegenstände tauschen müssen. Aber auch wenn Sie schimpfen und vergeblich hinter dem Dieb herlaufen würden, säße er am längeren Hebel und hätte eine Möglichkeit, Sie zu einer „lustigen" Hetzjagd um den Couchtisch zu zwingen. Falls Ihr Hund also einen Socken oder Ähnliches mitgehen lässt, sollten Sie nicht sofort reagieren. Auch wenn es schwerfällt: Wenn Sie ihn nicht im Vorfeld hindern konnten, tun Sie zehn Sekunden lang rein gar nichts. Danach versuchen Sie am besten eine Ablenkungstaktik. Gehen Sie zum Kühlschrank oder zur Tür, spielen Sie mit einem Hundespielzeug usw. Nur wenn das nichts nützt und der Gegenstand wertvoll oder gefährlich für Ihren Hund ist, greifen Sie zum bewährten Tauschgeschäft. So beugen Sie aufmerksamkeitsheischendem Verhalten wirksam vor.

Clicken Sie, sobald sich Ihr Hund auf Ihr Signal hin zu Ihnen umguckt.

Das „Allzweck-Signal"

Es gibt noch ein neutrales, akustisches Signal, das Sie auch ohne Hilfsmittel erzeugen können: ein Schnalzen. Die meisten Hunde reagieren auch darauf fast instinktiv. Wenn Sie dieses Interesse belohnen, können Sie aus dem Schnalzen sehr schnell eine Art universelles Signal mit der Bedeutung: „Guck mal her / Komm mal näher heran / Folge mir" machen. Dazu wählen Sie einen Moment ohne große Ablenkung, in dem Ihr Hund in Ihrer Nähe ist, aber von Ihnen wegguckt. Außerdem sollten Sie ein Leckerchen oder den Clicker in der Hand haben. Schnalzen Sie und warten Sie ab, was passiert. Reagiert Ihr Hund nicht, war er vielleicht abgelenkt. Versuchen Sie es ein bisschen später noch einmal. Schaut er sich zu Ihnen um, clicken Sie und geben ihm ein Leckerchen aus der Tasche oder Sie geben ihm sofort das Leckerchen (da er dicht bei Ihnen ist, bekommen Sie bei dieser Übung das Timing auch ohne Clicker hin). Egal welche Variante Sie wählen, loben Sie Ihren Hund ruhig zusätzlich und freuen Sie sich offensichtlich über seine „Zuwendung". Schon bald wird er immer besser auf Ihr Schnalzen reagieren und Sie haben ein unauffälliges Signal, mit dem Sie ihn im Nahbereich auf sich aufmerksam machen oder zu sich heranlocken können.

Blickkontakt ist eine wichtige Basisübung.

Kommen auf Ruf oder Pfiff

Geeignetes Rückrufsignal

Für einen guten Rückruf brauchen Sie dreierlei. Erstens ein passendes Rufsignal. Am besten eignet sich ein mit heller Stimme und etwas lauter gerufenes Wort auf „i“ oder ein Pfiff. Rufen Sie nur einmal, mit vielversprechendem Unterton. Falls der Name Ihres Hundes kein „i“ enthält oder Sie ihn oft und in allen möglichen Zusammenhängen benutzen, kann es besser sein, ein Extra-Rufsignal wie z. B. „Hiiier!“ zu verwenden, das dann im Gegensatz zum Namen eine klare Bedeutung hat.

Bei passender Gelegenheit

Zweitens brauchen Sie eine passende Gelegenheit. Natürlich üben Sie, damit Sie Ihren Hund später aus jeder Situation abrufen können. Aber um diese Reaktion aufzubauen, brauchen Sie viele Übungssituationen, in denen Ihr Hund nicht allzu abgelenkt ist und Sie es leicht haben, interessanter zu sein als die Umgebung. In solchen Situationen üben Sie, bis seine Reaktion automatisiert ist und er nicht mehr „überlegt“, ob er kommen will oder gerade etwas Besseres zu tun hat. Umgekehrt sollten Sie es sich verkneifen, Ihren Hund zu rufen, wenn schon abzusehen ist, dass er sowieso nicht gehorchen wird. Rufen Sie ihn auch nicht öfter als nötig von etwas weg, das er wesentlich lieber tut, als gerade jetzt zu kommen. Um Gelegenheiten zum Üben zu stellen, lassen Sie Ihren Hund von jemandem festhalten und gehen ein Stück weg. Oder Sie rufen ihn zwischen zwei Familienmitgliedern hin und her. Oder Sie nutzen Momente, in denen Ihr Hund weiter von Ihnen entfernt ist und dies plötzlich bemerkt und angelaufen kommt, um nicht den Anschluss zu verlieren. Solche Momente können Sie „erzeugen“, indem Sie z.B. plötzlich die Richtung wechseln oder sich sogar verstecken.

Rufen Sie Ihren Hund nicht nur zum Anleinen heran.

Die richtige Motivation

Drittens brauchen Sie die richtige Motivation. Sie müssen etwas finden, das Ihren Hund mit schöner Regelmäßigkeit dazu veranlasst, schnell und eifrig zu Ihnen zu laufen. Am einfachsten sind natürlich wieder Leckerchen. Lassen Sie Ihre Fantasie spielen. Versuchen Sie gegebenenfalls Käse, Wurst, getrocknete Hühnerherzen, Leberwurst aus einer Tube usw. Manche Hunde, vor allem junge, finden jedoch Bewegung und Spiel viel interessanter als Leckerchen. Zumal Sie Ihren Hund vielleicht auch mal aus dem Spiel mit anderen Hunden oder von einer Krähenjagd abrufen wollen. In diesen Momenten fällt eine Futterbelohnung gegen den Reiz des Rennens und Herumtobens erheblich ab.

So macht das Kommen auf Ruf richtig Spaß.

Das Streicheln ist zwar gut gemeint, findet aber wenig Anklang.

Das Einfachste wäre natürlich, selbst vom Hund wegzurennen oder mit einem Spielzeug in der Hand herumzuhüpfen, um ihn zum Kommen zu motivieren. Falls Sie sich dazu nicht mehr beweglich genug fühlen oder Ihnen das zu „albern" ist, haben Sie auch noch andere Möglichkeiten, Bewegung ins Spiel zu bringen.

Rückrufanimation

Sie können z. B. ein Spielzeug, am besten etwas Weiches, Beutetierähnliches wie ein Stofftier, an einer ca. ein Meter langen Schnur im Kreis herumschleudern und über den Boden „tanzen" lassen. Sie können auch ein etwas größeres, rundes Leckerchen über den Boden rollen oder werfen. Werfen Sie es mit einer Bewegung wie beim Kegeln in die Laufrichtung Ihres Hundes, nicht ihm entgegen. Üben Sie dies, ehe Sie es beim Abrufen einsetzen, damit er Ihre Handbewegung wiedererkennt. Hilfreich zum Motivieren ist auch, wenn Sie nicht einfach stocksteif dastehen, wenn Ihr Hund sich zu Ihnen umdreht oder auf Sie zukommt, sondern ihn mit der Stimme anfeuern (ununterbrochen loben) und sich etwas bewegen. Es reicht schon, z. B. eine Hand vor dem Körper hin und her zu schwenken, da Hunde Bewegungen besonders gut sehen.

So üben Sie den Rückruf

Das Üben sieht nun folgendermaßen aus: Ihr Hund kommt entweder von selbst schnell auf Sie zugelaufen oder Sie stellen eine Situation, in der er höchstwahrscheinlich angerannt kommt. Sie rufen und belohnen ihn großzügig, wenn er angekommen ist. Oder Sie warten auf eine günstige Gelegenheit, rufen ihn und beginnen, ihn zu motivieren, sobald er den ersten Schritt gemacht hat. Wenn möglich clicken Sie noch zusätzlich. Entweder sobald Ihr Hund auf Ihr Rufen reagiert oder manchmal auch, wenn er gerade in schnellem Tempo zu Ihnen unterwegs ist. Wenn Ihr Hund bei Ihnen angekommen ist, vermeiden Sie es, von oben nach ihm zu grabschen oder ihn hastig anzuleinen, sobald er kommt. Loben oder füttern Sie ihn ausgiebig oder spielen Sie mit ihm und leinen ihn eher nebenbei an.

Der Pfiff

Eine Hundepfeife können Sie entweder grundsätzlich als Rufsignal verwenden. Das bietet sich an, falls Sie nicht genug Stimmvolumen haben, um etwas lauter und klangvoll zu rufen. Der Nachteil ist natürlich, dass Sie die Pfeife immer dabeihaben müssen. Sie können den Pfiff aber auch zusätzlich zum „normalen“ Rufen als „Supersignal“ aufbauen. Dazu verknüpfen Sie die Pfeife im Prinzip genauso wie den Clicker (siehe Seite 74), nur dass es nach dem Pfiff immer ganz besonders große und tolle Belohnungen gibt (z. B. eine ganze Mahlzeit, ein Schweineohr usw.) und Sie das Pfeifsignal dann zum „Heranlocken“ Ihres Hundes benutzen, den Clicker aber zum zielgenauen Belohnen. Ein solches „Supersignal“ funktioniert dann ganz besonders gut, aber man spart es sich gewöhnlich für besondere Gelegenheiten auf. Denn wenn man täglich zwanzigmal pfeifen würde, könnte man den Hund kaum jedes Mal so hochwertig belohnen und die Wirkung des Pfiffs würde sich abnutzen.

Mit einer Pfeife klappt der Rückruf nochmal so gut.

Ein gut erzogener Hund lässt einen auch unter solchen Umständen nicht im Stich.

Leinenführigkeit

An der Leine zu gehen ohne zu ziehen oder plötzlich loszuspringen ist eine der schwierigsten Übungen für einen Hund, aber auch eine der wichtigsten. Denn wenn der Hund zieht, ist dies nicht nur lästig und unangenehm, sondern womöglich sogar gefährlich. Auch ein kleiner Hund könnte Sie z. B. bei Glatteis zu Fall bringen. Mit einem Hund, der stark zieht, geht man außerdem nicht so gern spazieren. Durch den Bewegungsmangel und weil er umso aufgeregter ist, wenn man endlich hinausgeht, zieht er dann umso schlimmer – der unheilvolle Kreis schließt sich. Sie sollten daher ein Halti benutzen, wenn Ihr Hund groß und stark ist, oder sobald Sie merken, dass Sie Probleme mit dem Leineziehen bekommen (siehe Seite 94).

Leinentraining

Um das Gehen an der Leine zu üben, bewaffnen Sie sich mit Leckerchen und Clicker und nehmen eine nicht allzu kurze Leine (mindestens ca. 1,5 Meter). Hängen Sie sich die Schlaufe über das Handgelenk der Hand, die den Clicker hält. Mit der anderen Hand verteilen Sie die Leckerchen.

Zeigen Sie Ihrem Hund ein Leckerchen und lassen Sie es vor seiner Nase fallen. Während er es sucht und frisst, gehen Sie bis ans Ende der Leine vor. Sobald Ihr Hund wieder aufguckt, setzen Sie sich in Bewegung und gehen von ihm weg. Er wird nun von hinten herankommen und Sie überholen wollen. Clicken Sie, sobald seine Nase an Ihrer Hosennaht auftaucht. Bleiben Sie ruhig anfangs kurz stehen, während Sie ihm das Leckerchen kurz zeigen und es neben Ihren Fuß fallen lassen. Wiederholen Sie den Prozess, bis es reibungslos funktioniert. Man braucht gewöhnlich zwölf bis fünfzehn Clicks und Leckerchen, wobei es anfangs sein kann, dass Ihr Hund nach dem Click weiterläuft und diesen gar nicht beachtet. Bleiben Sie dann nach dem Click stehen und drängen Sie ihm das Leckerchen auf. Vielleicht schnuppert er auch anfangs „ewig" nach Leckerchen auf dem Boden. Warten Sie geduldig ab, das gibt sich schnell, da er merkt, dass nach jedem Click immer nur eins da ist.

Die Leine als Signal

Läuft die Sache nach einigem Üben (aber jeweils nur ein paar Minuten am Stück) „rund", wird Ihr Hund sein Tempo verlangsamen, wenn er auf Ihrer Höhe ankommt, und Sie vielleicht erwartungsvoll anschauen, da er einen Click und ein Leckerchen erwartet. Sobald er das tut, können Sie den Click etwas herauszögern. Gehen Sie einen, dann zwei, dann drei Schritte mit dem Hund an Ihrer Seite, ehe Sie wieder clicken und das nächste Leckerchen fallen lassen. Später können Sie die Leckerchen auch aus der Hand geben. Das Fallenlassen soll nur das Tempo Ihres Hundes verzögern. Ein Hörsignal gibt es für diese Übung übrigens nicht, denn Ihr Hund soll automatisch immer an durchhängender Leine laufen, wenn er angeleint ist. Somit ist die Leine das „Signal".

Gehen Sie beim Üben möglichst bald in normaler Haltung.

Stop and Go

Hat Ihr Hund nach einigen Tagen einen Begriff davon bekommen, was von ihm verlangt wird, kommt das „Stop and Go" hinzu. Sollte er anfangen zu ziehen, bleiben Sie nun so schnell wie möglich stehen. Warten Sie ab, bis Ihr Hund etwas tut, wodurch die Leine wieder durchhängt, dann gehen Sie zügig weiter. Er lernt so ergänzend, dass Ziehen nichts bringt. Für diesen Teil der Übung ist es wichtig, dass Sie die Leine in einer be-

Strafft sich die Leine, bleiben Sie stehen. Nur an lockerer Leine geht es vorwärts.

stimmten Länge gut festhalten und schnell reagieren, wenn Ihr Hund zieht. Sollte er sich regelmäßig hinsetzen, um den Zug an der Leine zu verringern, verhindern Sie das, indem Sie den Rückwärtsgang einlegen, sobald er das Hinterteil absenkt. Er lernt nämlich sonst nur ziehen – sitzen – ziehen – sitzen …

Doppeltes Führsystem

Natürlich können Sie und Ihr Hund anfangs nicht einen ganzen Spaziergang lang so üben, solange Sie alle paar Meter stehen bleiben müssen und „Tausende“ von Leckerchen verbrauchen. Würden Sie das Üben aber nach einigen Minuten einstellen und ihm das Leineziehen wieder durchgehen lassen, würde er das ordentliche Gehen an der Leine wohl nie lernen. Sie können das Problem umgehen, indem Sie ein doppeltes Führsystem benutzen. Mit dem einen Führsystem üben Sie so lange und konsequent, bis Ihr Hund automatisch brav mitgeht (z. B. mit der kurzen Leine am Halsband eingehakt). Das andere ist so gestaltet, dass er entweder gar nicht erst zieht (z. B. Halti, Halti-Harness oder – falls ihm dieser Radius reicht – Ausroll-Leine). Oder er zieht zwar, aber es verdirbt Ihnen dann wenigstens nicht das bereits Erreichte, weil er es nicht mit dem Üben der Leinenführigkeit durcheinanderbringt (Brustgeschirr).

Wenn Sie die Leine zu kurz nehmen, kann Ihr Hund nicht lernen, an lockerer Leine zu gehen.

Steady

„Steady“ (englisch = stetig, ruhig) nennt man es bei Jagdhunden, wenn der Hund ruhig neben seinem Besitzer an der Leine wartet, ohne zu bellen oder plötzlich vorzuspringen. Im Grunde genommen handelt es sich um einen Bestandteil der Leinenführigkeit. Manche Hunde gehen normalerweise ganz gut an der Leine, neigen jedoch dazu, plötzlich mit aller Kraft in die Leine zu springen, wenn sie etwas entdecken, was sie interessiert und wo sie unbedingt hinwollen, wie z. B. ein Artgenosse. Um Ihrem Hund das abzugewöhnen, müssen Sie sich eine Zeit lang gut auf ihn und Ihre Leinenhaltung konzentrieren. Halten Sie die Leine immer gut fest (bei großen Hunden am besten beide Händen dicht beieinander und dicht an Ihrer Körpermitte halten). Achten Sie darauf, dass die Leine in Situationen, in denen Ihr Hund typischerweise vorspringt, nur maximal zwanzig Zentimeter durchhängt. Dann hat er nämlich auch nur zwanzig Zentimeter Anlauf und Sie können ihn relativ mühelos ausbremsen und verhindern, dass er mit seinem Verhalten Erfolg hat. Ist es ihm dennoch gelungen, Sie auf dem falschen Fuß zu erwischen und ein oder zwei Schritte vorwärtszuziehen, um sein

Ziel zu erreichen, zerren Sie ihn sofort wieder einen Meter zurück, sodass sein Erfolgsgefühl nicht von Dauer ist. Zusätzlich belohnen Sie ihn so oft wie möglich mit einem Click und einem Leckerchen, wenn er in der Nähe von „Objekten“, die ihn interessieren, ruhig bleibt und nicht an der Leine zieht. Üben Sie diese wichtige Lektion immer wieder in vielen verschiedenen Situationen, möglichst solange Ihr Hund noch jung ist.

Angebunden warten

In eine ähnliche Kategorie fällt das Angebunden-Warten. Vielleicht wollen Sie Ihren Hund manchmal kurz draußen warten lassen, wenn Sie z. B. zum Bäcker gehen. Es ist peinlich, wenn er dann den ganzen Ort zusammenkläfft. Binden Sie ihn zum Üben an, sagen Sie „Warte schön“ oder etwas Ähnliches und gehen ein paar Schritte weg. Bellt er und springt wild herum, warten Sie einfach ab. Ist er ein paar Momente ruhig, nähern Sie sich ihm. Bellt er dann wieder, stoppen Sie sofort oder gehen sogar wieder einen Schritt zurück. Durch dieses Wechselspiel lernt Ihr Hund, dass er Sie zurückholen kann, indem er ruhig bleibt. Bellen und Springen treibt Sie dagegen von ihm weg. (Sollte Ihr Hund große Probleme mit dieser Übung haben, entfernen Sie sich anfangs beim Üben nur ein oder zwei Meter von ihm und werfen ihm einige Leckerchen zu, während er wartet.)

Als Belohnung fürs ruhige Warten darf er stolz die Tasche tragen.

Begegnungen

Wenn Ihnen ein Hund oder Passant entgegenkommt und Sie mit Ihrem Hund noch üben müssen, dass er niemanden belästigt und nicht jeden Artgenossen begrüßen kann, üben Sie folgendermaßen. Sobald Ihr Hund (nicht Sie!) das „Objekt“ erblickt beziehungsweise darauf reagiert, also z. B. hinstarrt, wedelt, anfängt zu ziehen, stoppen Sie. Versuchen Sie nun, mit dem „Allzwecksignal“ seine Aufmerksamkeit bekommen. Notfalls können Sie ihm ein Leckerchen vor die Nase halten und ihn vielleicht damit auf sich konzentrieren. Klappt das nicht, verzichten Sie allerdings besser darauf, sich weiter „zum Kasper zu machen“. Sie nutzen sonst nur Ihr Signal ab und wirken gar nicht souverän. Halten Sie stattdessen einfach die Leine gut fest, lassen Sie Ihren Hund nicht zu dem „Objekt“ und warten, bis er sich abgeregt hat. Dann versuchen Sie erneut, ihn dazu zu bringen, dass er sich Ihnen zuwendet. Vielleicht guckt er sich sogar von selbst zu Ihnen um. Belohnen Sie ihn dann sofort! Bei einem Welpen oder einem neuen, noch wenig „gebildeten“ oder erregbaren Hund ist es schon ein schöner Erfolg, wenn er sich wenigstens kurz zu Ihnen umdreht. Mit der Zeit werden Sie dies ausbauen können.

Wenn Sie gegenhalten und einfach warten, muss Ihr Hund Sie früher oder später beachten.

Manchmal hilft in Begegnungen schon die Andeutung eines Bogens.

In großem Bogen

Wenn Sie an einem Hund oder Passanten vorbeigehen wollen, ohne dass Ihr Hund zu diesem hingeht, machen Sie wenn möglich einen Bogen um das „Objekt“. Beginnen Sie Ihren Bogen, sobald Ihr Hund auf das „Objekt“ reagiert. Verlangsamen Sie Ihren Schritt und locken Sie ihn seitlich weg (notfalls ziehen Sie ihn behutsam mit sich). Der Bogen sollte Sie ein oder zwei Meter von dem „Objekt“ wegführen. Richten Sie es so ein, dass Sie zwischen Ihrem Hund und dem „Objekt“ gehen. Loben und belohnen Sie ihn, sobald er einigermaßen kooperativ ist.

Konfrontationen vermeiden

Beim Bogengehen nutzt man ein wenig „Hundesprache“. Hunde gehen langsamer und weichen einander aus, wenn Sie zeigen wollen, dass sie ihrem Gegenüber nichts tun wollen und wenn sie selbst eher in Ruhe gelassen werden wollen. Indem Sie diesen Bogen nachahmen und auch Ihren Hund dazu ermuntern, sich so zu verhalten, zeigen Sie ihm und entgegenkommenden Artgenossen, dass Sie keine Konfrontation suchen. Ihr Hund fühlt sich so weniger gestresst, als wenn Sie direkt auf das „Objekt“ zugehen, und akzeptiert auch leichter, dass er jetzt nicht dorthin darf. Später reicht eine kleine Andeutung des Bogengehens zur Verständigung.

Verkehrte Welt: Hier meint der Hund, schlichten zu müssen.

Schlichten

Eine weitere Geste aus der Hundesprache ist das „Dazwischengehen“. Hunde schieben sich manchmal mit dem ganzen Körper längsseits zwischen zwei Artgenossen, die ihrer Meinung nach zu wild spielen oder drohen, in Streit zu geraten. Man weiß nicht genau, ob sie bewusst schlichten wollen oder manchmal einfach nur neugierig sind, jedenfalls befriedet ihr Verhalten normalerweise die Situation. Zudem kennen Hunde auch die Geste des Wegdrängelns, wenn einer dem anderen den Zugang zu etwas verwehren will. Diese Gesten nutzen Sie also, wenn Sie zwischen Ihrem Hund und dem „Objekt“ gehen. Sie zeigen damit gleichermaßen, dass Sie nicht wollen, dass Ihr Hund zu dem „Objekt“ geht, wie dass Sie ihn gegebenenfalls schützen werden.

In Restaurants und öffentlichen Verkehrsmitteln

Auch wenn Sie mit Ihrem vierbeinigen Freund in öffentlichen Verkehrsmitteln unterwegs sind oder in ein Restaurant einkehren, kann die Geste des Dazwischengehens nützlich sein. Es ist nämlich entlastend für Ihren Hund, wenn Sie ihn so platzieren, dass Sie ihn mit Ihren Beinen etwas vom Publikumsverkehr abschirmen. Suchen Sie ihm auch einen Liegeplatz an einer geschützten und ruhigen Stelle, vielleicht unter der Bank oder einem Tisch und nicht gerade am Eingang oder einem häufig benutzten Laufweg.

Mit bequemer Unterlage

Manche Hunde sind recht genügsam, legen sich von sich aus auf den blanken Boden und warten klaglos. Viele Hunde, besonders die kleinen und kurzhaarigen, fühlen sich unter solchen Umständen ausgesprochen unwohl und sind dann auch dementsprechend unruhig und lästig. Nehmen Sie daher eine Matte oder – bei kleinen Hunden – eine Transporttasche oder -box für Ihren vierbeinigen Freund mit. Nimmt er sie nicht von selbst an, können Sie ihm dies mit der Deckenübung (siehe Seite 122) schmackhaft machen.

Mit Maulkorb

Natürlich können Sie einen Kleinhund auch in Bus und Bahn in seiner Reisetasche oder Box transportieren. Bei einem Hund über vierzig Zentimeter kann verlangt werden, dass er in der Bahn einen Maulkorb trägt. Auch wenn Mitreisende und Schaffner es oft nicht so eng sehen, sollten Sie einen Maulkorb dabeihaben und Ihren Hund vorsichtshalber an das Tragen gewöhnen.
Das Training entspricht der Halti-Gewöhnung siehe Seite 95).
Falls Ihr Hund den Maulkorb länger tragen muss, sollten Sie unbedingt ein korbförmiges Modell wählen, da er mit einer „Tüte“ aus Nylon nicht richtig hecheln kann.

Der Aufenthalt auf Bahnhöfen und in Zügen kann stressig für den Hund sein.

Die Deckenübung

Für diese Übung ist der Clicker ideal. Nehmen Sie ihn und ein paar Leckerchen zur Hand. Legen Sie nun eine Decke aus. Ihr Hund wird sie normalerweise interessiert beschnuppern – clicken Sie und geben ihm ein Leckerchen. Wenn er immer noch mindestens mit den Vorderpfoten auf der Decke ist, nachdem er es gefressen hat, clicken Sie erneut und belohnen ihn. Sie können das Leckerchen auch nach dem Click auf die Decke werfen, das beschleunigt den Lernprozess. Lassen Sie Ihren Hund aber ansonsten weitgehend selbstständig herausfinden, dass er bei dieser Übung nur dann belohnt wird, wenn er von sich aus auf die Decke geht. Denn wenn Sie ihn mit Gesten oder durch Locken mit einem Leckerchen zur Decke führen, dauert es viel länger, bis der Hund den Kern der Übung erfasst. Statt auf die Decke zu achten, achtet er dann hauptsächlich auf Sie. Sollte er die Decke verlassen haben, warten Sie einfach ab, bis er sie wieder betritt. Sofort clicken Sie und geben ihm ein Leckerchen.

Der Leonberger würde die weiche Unterlage wahrscheinlich nicht unbedingt brauchen.

Aber die Decke zeigt ihm auch, was von ihm erwartet wird.

Warum nicht das Hundetraining mit einem Besuch im Eiscafe verbinden?

Zeitspanne verlängern

Interessiert er sich partout nicht für die Decke, sondern setzt sich z. B. nur hin und schaut sie fragend an, tricksen Sie etwas. Gehen Sie mit ihm dicht an der Decke entlang, sodass er wie zufällig auf sie tritt. Dann clicken Sie wieder und belohnen ihn. Legen Sie die Decke beim Üben auch immer wieder an andere Orte und ändern Sie Ihren Standpunkt zur Decke. Üben Sie nur wenige Minuten am Stück und packen Sie die Decke anfangs sofort nach dem Üben wieder weg. Sie werden sehen, dass Ihr Hund schon nach wenigen Übungseinheiten anfängt, gezielt und bewusst auf die Decke zu gehen und Sie dabei erwartungsvoll anschaut, ob Sie clicken werden. Sobald das der Fall ist, beginnen Sie, die Clicks etwas hinauszuzögern, damit Ihr Hund lernt, auch länger auf der Decke zu bleiben. Wenn die Abstände zwischen den Clicks größer werden, wird er sich hinlegen, um es sich beim Warten bequem zu machen. Ist dieses Stadium erreicht, wird er die Decke normalerweise auch annehmen, wenn Sie sie z. B. im Restaurant unter den Tisch legen. Es gibt dann nur noch zu Beginn ein oder zwei Leckerchen, ähnlich wie bei der Hundebox.

Das Anfassen der Pfoten kann man gar nicht früh genug üben.

Bürsten und Pfoten abputzen

Einige Hunde genießen es geradezu, gebürstet oder nach einem Regenspaziergang abgetrocknet zu werden. Andere finden das eher unangenehm und versuchen sich zu entziehen oder knurren sogar. Oder sie zappeln spielerisch herum und erschweren Ihnen so erheblich Ihren „Job". Und auch beim Tierarzt oder im Hundesalon verursachen sie erheblichen Ärger. Letztlich liegt das auch daran, dass sich meist niemand die Mühe macht, seinem Hund zu „erklären", was er in solchen Situationen von ihm will. Um diesen Zustand zu ändern, legen Sie sich ein paar Leckerchen griffbereit, aber außer Reichweite Ihres Hundes hin (z. B. auf einen Tisch). Halten Sie den Clicker in der einen Hand. Mit der anderen fassen Sie nun Ihren Hund an. Streicheln Sie ihn, aber diesmal nicht nur, denn das kennt er ja bereits. Fassen Sie ihn dagegen eher „formell" an, etwa so, wie das beim Tierarzt oder Hundefriseur der Fall ist. Achten Sie nun auf die Momente, in denen Ihr Hund perfekt stillhält, also nicht zurückweicht, Sie nicht anstupst oder sich verspielt dreht, sondern einfach gar nichts tut. In solchen Momenten clicken Sie. Nach dem Click nehmen Sie die Hände vom Hund und geben ihm ein Leckerchen. Dann wiederholen Sie die Prozedur. Versuchen Sie so zu üben, dass Sie möglichst oft clicken können. D. h. wenn Ihr Hund immer wieder ausweicht oder herumzappelt, bemühen Sie sich, ihn weniger massiv oder an einer ihm angenehmeren Stelle anzufassen. Nach und nach muss er immer länger stillhalten, bis der Click kommt, und Sie machen auch mal etwas merkwürdige oder unangenehme Dinge wie z. B. eine Pfote drücken oder eine Hautfalte anheben (wie es der Tierarzt beim Impfen macht).

Auch das Maulöffnen gehört unbedingt ins Programm.

Alleinbleiben

Wenn Sie viel Zeit für Ihren Hund haben und immer mit ihm zusammen sind, ist das zwar schön, es kann aber zu Problemen führen, wenn er dann doch einmal allein bleiben muss, z. B. wenn Sie einen Arzttermin haben. Üben Sie deshalb gezielt das Alleinbleiben, auch wenn es nur selten gebraucht wird, und gehen Sie immer mal wieder absichtlich ohne Hund weg. Normalerweise ist das kein großes Problem. Wählen Sie einen Zeitpunkt, zu dem Ihr Hund sowieso schlafen würde und alles hatte, was er braucht, z. B. kurz nach dem Spaziergang oder der Fütterungszeit. Lassen Sie Ihrem Hund etwas zu Knabbern da – besonders, wenn er noch jung ist –, damit er in Ihrer Abwesenheit etwas Ablenkung hat und sich möglichst nicht an Ihrer Einrichtung vergreift. Machen Sie keine große Abschiedsszene, sondern sagen Sie einfach beiläufig „Bin gleich wieder da" oder etwas Ähnliches und verlassen Sie die Wohnung.

Ein gemütliches Plätzchen erleichtert das Alleinbleiben ungemein.

Nur für kurze Zeit

Am besten bleiben Sie beim ersten Mal nur ca. zehn oder fünfzehn Minuten weg. Beim Wiederkommen sollten Sie Ihren Hund ebenfalls eher beiläufig begrüßen, um ihm das Gefühl zu geben, es sei gar nichts Besonderes los gewesen. Sollte er etwas kaputt gemacht oder gejault und gebellt haben, können Sie jetzt nichts machen, Sie wissen aber, dass dies zu viel des Guten war. Hat Ihr Hund größere Schwierigkeiten, auch nur kurz von Ihnen getrennt zu sein, kann es sich auch um eine Art „Barrierenfrust" handeln – er hat vielleicht nicht unbedingt Angst, sondern ist einfach nur wütend, dass er nicht dabei sein darf. Üben Sie dann zuerst das Anbinden (siehe Seite 117) oder das Warten in einer Hundebox oder – entsprechend – hinter einer Absperrung (siehe Seite 78). Falls Ihr Hund unter echter Trennungsangst leidet – also offensichtlich gestresst ist, wenn er allein bleiben muss, schon nervös wird, wenn Sie sich zum Weggehen fertig machen und kläglich winselt oder bellt, solange Sie weg sind –, wenden Sie sich an einen Hundetrainer oder auf Verhaltenstherapie spezialisierten Tierarzt.

Ein attraktiver Kauknochen ist beim Üben eine Art Versicherung für die Wohnungseinrichtung.

Geben Sie Ihrem Hund Zeit, sich mit dem Betreuer etwas anzufreunden.

Ersatzpersonen akzeptieren

Da es immer mal vorkommen kann, dass Sie bei der Hundebetreuung auf Hilfe angewiesen sind, sollten Sie Ihren Hund von Anfang an daran gewöhnen, dass er auch einmal problemlos mit anderen Menschen spazieren geht oder ein paar Stunden bei ihnen bleibt. Er sollte wenn möglich schon im Welpenalter lernen, dass es viele nette Menschen auf dieser Welt gibt, mit denen man auch einmal etwas unternehmen kann. Auch wenn es zu dem Zeitpunkt nicht unbedingt nötig ist: Lassen Sie Ihren Hund auch von anderen netten Menschen ausführen oder einen „Kurzurlaub" bei ihnen verbringen. Machen Sie sich nichts daraus, wenn Ihr Hund anfangs etwas zögert und z. B. zu Beginn des Spaziergangs mit der Nachbarstochter ein wenig „bockt". Achten Sie darauf, dass sein Halsband eng genug ist, dass er nicht herausschlüpfen kann und rüsten Sie Ihre Hilfsperson mit seinen Lieblingsleckerchen aus, von denen sie reichlich Gebrauch machen soll. Normalerweise geht der Hund schon nach ein paar Hundert Metern gut mit und hat spätestens beim dritten Spaziergang sein Misstrauen überwunden, da er nun weiß, dass Ihr Helfer ihn wieder zu Ihnen nach Hause bringt. Am besten ist es natürlich, wenn Sie zuvor ein oder zwei Mal gemeinsam spazieren gehen können.

5

Spiel und Spaß für Ihren Hund

Soforthilfe

Hunde brauchen Bewegung und Beschäftigung, das stimmt. Aber glücklicherweise gibt es viele Möglichkeiten, wie Sie Ihrem Hund diese verschaffen können – mit Spaß, wenig Aufwand und ohne selbst sportliche Höchstleistungen erbringen zu müssen.

Für junge Hunde ideal: Das Toben mit Artgenossen.

Verabredung mit Hundefreunden

Drei ganz einfache Möglichkeiten können Sie praktisch sofort umsetzen. Wenn Sie einen jungen Hund haben, gibt es nichts Besseres als das Spiel mit Artgenossen, um ihn müde und zufrieden zu machen. Falls Sie beim Spaziergang einen Hund treffen, mit dem Ihrer gern spielt, versuchen Sie, sich mit dem Besitzer abzusprechen. Vielleicht können Sie sich ein- oder zweimal die Woche verabreden und die Hunde an einem sicheren Ort spielen lassen oder zusammen spazieren gehen. Davon haben dann alle vier etwas.

Kleine Übungen unterwegs sorgen für Abwechslung auf dem Spaziergang.

Neue Wege gehen

Auch wenn Sie keine Verabredung mit Hundefreunden haben – Ihnen und vor allem auch Ihrem Hund wird es viel mehr Spaß machen, immer wieder einmal neue Wege zu erkunden, als immer dieselbe Runde zu drehen. Neue Orte zu erkunden ist anregend und freut Hunde, da das Auskundschaften für sie ein wichtiges Bedürfnis ist.

Leckerchenweitwurf

Eine dritte Maßnahme, die Sie gleich umsetzen können, ist das Rollen und Werfen von Leckerchen. Dieses einfache Spiel verschafft Ihrem Hund Bewegung und ermöglicht es ihm, ein jagdähnliches Verhalten auszuführen. Zudem kann er seine Nase einsetzen. Werfen Sie die Leckerchen einzeln und so, dass Ihr Hund es fliegen sieht und gleich hinterherrennen kann. Hat er es gefressen, werfen Sie das Nächste in die Gegenrichtung. Wenn Sie das Laufen betonen wollen, rollen Sie das Leckerchen eher über den Boden und nehmen Sie dafür runde und gut sichtbare, also etwas größere und helle Leckerchen. Soll er eher seine Nase einsetzen, werfen Sie unauffällige Leckerchen in hohem Bogen ins Gras oder Laub. Auch in der Wohnung kann dieses Spiel Ihrem Hund an Regentagen etwas Spaß und Bewegung verschaffen.

Wasserfreudigen Hunden kann man auch mit einem Besuch an einem Gewässer viel Freude machen.

Dieser Hund erarbeitet sich gerade sein Trockenfutter.

Knabbern und auspacken

Alle Hunde, vor allem aber junge, kauen gern auf etwas herum. Viele Hunde rupfen auch gern etwas auseinander, denn all dies ähnelt dem Zerlegen einer Beute. Außerdem ist es gut für die Zähne und die Kaumuskulatur. In Zoogeschäften gibt es heute eine Vielzahl von Kauartikeln für Hunde, angefangen bei Büffelhautknochen (die erwachsene Hunde allerdings oft verschmähen) bis hin zu getrockneten Rinderohren. Falls Sie die Menge von seinen Mahlzeiten abziehen und es ihm bekommt, kann Ihr Hund ruhig einmal täglich einen solchen Kauartikel bekommen.

Kongs und Co.

Es gibt auch Möglichkeiten, ihm Kauspaß mit weniger Kalorien zu verschaffen. Das Prinzip dabei ist, wenig Futter so unterzubringen, dass Ihr Hund viel knabbern, lecken und kauen muss, um es zu erreichen. In Zoos verfährt man ähnlich, um die Tiere zu beschäftigen. Auch hierfür gibt es heutzutage in Zoogeschäften eine reichliche Auswahl von mit Futter befüllbaren Gummispielzeugen wie z. B. den sogenannten Kong. In den Hohlraum des Kongs oder ähnlicher Spielzeuge können Sie etwas Dosenfutter, Frischkäse, Joghurt oder Ähnliches füllen und in die Öffnung einen Hundekuchen klemmen. Man kann ihn sogar in die Gefriertruhe tun, und in der Spülmaschine reinigen.

Ein Leckerchen in einer Papprolle mit zugefalteten Enden sorgt hier für Spaß.

Da! Unter diesem Blumentopf ist das Leckerchen!

Suchspiele

Fast alle Hunde lieben es, Ihre Nase einzusetzen. Immerhin sind sie Experten darin. „Nasenarbeit“ ist eine sehr artgerechte Beschäftigung und macht Hunde zufrieden und ausgeglichen. Außerdem können Sie Ihrem Hund leicht beibringen, bestimmte Dinge anhand ihres Geruchs aufzuspüren. Da Fährtenarbeit relativ aufwendig ist – schließlich muss man die Fährte erst legen – wollen wir Ihnen hier andere Arten der Nasenarbeit vorstellen.

Leckerchen suchen

Die einfachste Suchübung und gleichzeitig eine Art Basisübung für alle Formen der Nasenarbeit ist die Suche nach Leckerchen. Im Grunde handelt es sich dabei um eine etwas ritualisierte Form des Leckerchenwerfens aus dem vorigen Abschnitt. Halten Sie Ihren Hund fest, binden Sie ihn an oder lassen Sie ihn „Sitz“ machen, während Sie das Leckerchen werfen oder auslegen. Gehen Sie zum Hund zurück und lassen ihn mit „Such“ los. Er wird dahin laufen, wo er das Leckerchen gesehen hat und es mit ziemlicher Sicherheit finden. Ansonsten ermutigen Sie ihn die ersten Male, feuern Sie ihn etwas an und „suchen“ mit ihm zusammen. Diese Hilfestellung, die ausschließlich der Motivation dient, müssen Sie allerdings schnell wieder zurücknehmen. Sonst bekommt Ihr Hund noch das Gefühl, Sie hätten die bessere Nase und wird sich, wann immer es schwierig wird, fragend an Sie wenden. Achten Sie also, falls er Schwierigkeiten hat, lieber darauf, die Verstecke anfangs leichter zu gestalten, sodass er durch seine eigenen Anstrengungen zum Erfolg kommen kann. Verstecken Sie Leckerchen im Gras, im Laub, in den Astgabeln niedriger Büsche, auf kleinen Mäuerchen oder unter umgedrehten Blumentöpfen. In der Wohnung verstecken Sie sie in Zimmerecken, hinter Stuhlbeinen, unter Teppichkanten, in Schubladen oder auf der Sitzfläche von Möbeln. Denken Sie jedoch daran, dass Ihr Hund mit der Pfote kratzen könnte, um an das Leckerchen zu kommen.

Gegenstände suchen

Noch reizvoller ist es natürlich, Ihrem Hund beizubringen, dass er Gegenstände sucht, die nach Ihnen riechen. Das könnte sich sogar mal als nützlich erweisen, wenn Ihnen z. B. im Dunkeln Ihr Hausschlüssel heruntergefallen ist. Zum Üben eignen sich z. B. Schlüssel, kleine Etuis, Stofffetzen und kleine Holzstücke (z. B. Rundkopfwäscheklammern). Um Ihrem Hund klarzumachen, dass er sich für den Gegenstand interessieren soll, benutzen Sie im Prinzip das Targettraining (siehe Seite 91). Nehmen Sie den Clicker in die eine und den Gegenstand in die andere Hand. Halten Sie Ihrem Hund den Gegenstand zum Schnuppern hin. Clicken Sie, wenn er daran schnuppert oder stupst und

Es gibt auch Holzspielzeuge mit Fächern, in denen man Leckerchen verstecken kann.

geben Sie ihm ein Leckerchen. Wiederholen Sie den Vorgang ein paar Mal, dann lassen Sie den Gegenstand fallen oder werfen ihn einen halben Meter weg. Ihr Hund wird jetzt normalerweise hingehen und ihn anstupsen. (Sollte er sehr begriffsstutzig sein, dürfen Sie den Gegenstand ein oder zwei mal mit Leckerchen abreiben.) Hat Ihr Hund begriffen, dass er den Gegenstand anstupsen muss, um eine Belohnung zu bekommen, können Sie ihn ebenso wie ein Leckerchen verstecken, allerdings besser draußen, da in Ihrer Wohnung ja alles Mögliche nach Ihnen riecht. Findet Ihr Hund den Gegenstand, clicken Sie und geben ihm ein Leckerchen.

Gegenstände anzeigen

Vielleicht möchten Sie Ihrem Hund auch beibringen, den entdeckten Gegenstand anzuzeigen, damit Sie besser erkennen können, wenn er etwas gefunden hat. Er soll lernen, sich zu setzen oder zu legen, wenn er ihn aufgestöbert hat. Wenn er bereits die Signale für „Sitz“ oder „Platz“ kennt, ist es ganz einfach. Sagen Sie „Sitz“ („Platz“), sobald er bei dem Gegenstand angekommen ist. Gehen Sie hin und helfen Sie ihm gegebenenfalls mit einem Handzeichen. Clicken Sie, sobald er sitzt/liegt und geben Sie ihm das Leckerchen dicht am Gegenstand.

„He Chef, es hat geklingelt!“

Ob Anzeigeverhalten oder Nickerchen lässt sich hier schwer sagen.

Sollte Ihr Hund den Gegenstand aufnehmen wollen oder darauf herumscharren, verhindern Sie das einfach, indem Sie den Gegenstand mit der Hand abdecken, bis Ihr Hund sitzt/liegt. Nach etlichen Wiederholungen wird er sich automatisch hinsetzen oder -legen, sobald er am Gegenstand angekommen ist.

So legt er sich

Kennt Ihr Hund noch kein Signal für „Sitz“ oder „Platz“, beginnen Sie das Anzeigen am besten mit der Stellung „Platz“ und einem Leckerchen. Klemmen Sie sich das Leckerchen mit dem Daumen unter die Handfläche. Zeigen Sie Ihrem Hund, dass Sie ein Leckerchen in der Hand haben und legen Sie die Hand mit dem Leckerchen nach unten auf den Boden. Ihr Hund wird vermutlich zuerst an Ihre Hand stupsen und vielleicht versuchen, daran zu kratzen. Irgendwann versucht er, von unten an das Leckerchen zu kommen und legt sich normalerweise dabei hin: Clicken und Leckerchen geben. (Üben Sie dies eventuell auf dem Pflegetisch, das ist bequemer.) Legt Ihr Hund sich bei solchen Übungen zügig hin, wenn Sie das Leckerchen abdecken, machen Sie dasselbe mit dem Suchgegenstand. Nach und nach decken Sie den Gegenstand nur noch ab, wenn Ihr Hund ihn nehmen oder daran scharren will. Er lernt mit der Zeit, dass der Gegenstand der Auslöser zum Hinlegen sein soll und nicht Ihre Hand über dem Gegenstand.

Ihr Hund kann lernen, einen ganz bestimmten Gegenstand – z. B. Ihren Schlüssel – zu suchen.

Einen bestimmten Geruch suchen

Noch spannender ist es, wenn Sie Ihrem Hund beibringen, dass er einen ganz bestimmten Geruch suchen soll. Diese Art Nasenarbeit eignet sich außerdem auch gut für die Wohnung. Das Prinzip ist wieder ganz einfach. Zunächst brauchen Sie einen „Zielgeruch“. Wählen Sie einen Geruch, den Sie mögen und den Sie immer wieder in der gleichen Form nachkaufen können. Es sollte ein natürlicher und kein künstlicher Duft sein, also kein Waschpulver oder Ähnliches. Geeignet sind z. B. Teebeutel oder ein paar Kaffeebohnen in einer kleinen Dose mit Löchern im Deckel. Auch eine kleine Duftkerze mit dem Geruch von Früchten ist sehr gut geeignet.

Geruchsträger kennenlernen

Nun machen Sie mit dem Geruchsträger Ihres gewählten „Zielgeruchs“ einfach wieder Targettraining mit Ihrem Hund. D. h. Sie halten ihm die Geruchsprobe hin und wenn er daran schnuppert oder auch nur die Nase danach ausstreckt, clicken Sie und belohnen ihn mit einem Leckerchen. Nehmen Sie sich für diesen Übungsabschnitt etwas Zeit. Wenn Ihr Hund mit einiger Begeisterung an die Geruchsprobe stupst, legen Sie sie an verschiedenen Stellen, aber zunächst noch deutlich sichtbar, aus, z. B. auf einen Stuhl, auf den Boden usw.

Sie können ihm aber auch beibringen, nach einem bestimmten Geruch zu suchen.

Clicken und belohnen Sie, falls Ihr Hund sich der Geruchsprobe nähert. Er lernt in diesem Stadium, dass es nicht darum geht, jeweils das anzustupsen, was Sie in der Hand halten. Es kann gut sein, dass er bisher noch eher mit den Augen sucht, als mit der Nase. Da Hunde nun mal Nasentiere sind, prägt er sich den Geruch dennoch ein. Sollte er den Geruchsträger ins Maul nehmen wollen, decken Sie die Hand darüber, um dies zu verhindern.

Versteckte Düfte

Geht Ihr Hund mindestens einen Meter weit von Ihnen weg, um die Geruchsprobe anzustupsen, können Sie anfangen, diese zu verstecken, sodass er immer mehr seinen Geruchssinn einsetzen muss, um sie zu finden. Machen Sie es anfangs leicht. Legen Sie die Geruchsprobe hinter ein Stuhlbein, unter ein Stuhlkissen oder um die Ecke auf den Boden, während Ihr Hund zuguckt. Dann schicken Sie ihn „suchen". Mit der Zeit werden die Verstecke immer schwieriger. Ist der Zielgeruch richtig gut versteckt, z. B. in einer verschlossenen Schublade, lassen Sie dem Duft einige Minuten Zeit, sich zu verbreiten, ehe Sie Ihren Hund suchen lassen. Üben Sie auch mit den verschiedensten Geruchsträgern, damit Ihr Hund lernt, dass es nur auf den Zielgeruch ankommt, egal auf welchem Material er sich befindet. Natürlich können Sie ihm auch wie oben beschrieben beibringen, sich hinzulegen oder zu setzen, wenn er den Zielgeruch gefunden hat.

Laufspiele

Auch diese Kategorie von Beschäftigungsspielen, bei denen der Hund zu einem deutlich sichtbaren Ziel vorangeschickt wird, ist leicht beizubringen und vielseitig einsetzbar. Sie verschafft Ihrem Hund intensive Bewegung und fordert ihn auch mental.

Voranschicken zu einem Targetstab

Falls Sie Ihrem Hund schon beigebracht haben, an einen Targetstab zu stupsen (siehe Seite 88), haben Sie bereits eine gute Basis fürs Voranschicken geschaffen. Sie müssen Ihrem Hund nämlich nur noch beibringen, dass er auch dann an den Stab stupsen soll, wenn Sie ihn nicht selbst in der Hand halten. Üben Sie zuvor während zwei oder drei kurzen Übungseinheiten, den Stab auf ganz verschiedene Weise zu halten, nämlich so, dass die Spitze mal oben, mal unten, mal links und mal rechts von Ihrem Hund ist und er auch mal ein oder zwei Schritte gehen muss, um sie anzustupsen. Natürlich clicken Sie jedes Mal, wenn er die Spitze des Stabes mit der Nase berührt, und geben ihm danach ein Leckerchen aus der Tasche oder einer Schüssel.

Frischen Sie zuerst das Anstupsen des Targetstabes noch einmal auf.

Eingetopftes Target

Klappt das, stecken Sie den Stab in den Boden oder stellen ihn in ein Gefäß, sodass er aufrecht steht und die Spitze für Ihren Hund gut erreichbar ist. Ihr Hund wird vielleicht zunächst verwundert gucken, da Sie den Stab nicht mehr in der Hand halten, aber bestimmt dennoch an die Spitze stupsen, vielleicht anfangs etwas zögernd. Clicken Sie und geben Sie ihm seine „Prämie". Hat er das begriffen, brauchen Sie nun nur noch den Abstand zum Stab in kleinen Schritten zu erhöhen. Ihr Hund muss nun zum Stab gehen oder laufen, um ihn berühren zu können und einen Click zu hören. Nach dem Click kommt er zu Ihnen zurück, um sich das Leckerchen abzuholen. Er läuft also voran, der Stab ist sein Ziel. Damit die Spitze des Stabes gut zu erkennen ist, können Sie z. B. einen Stoffstreifen oder einen kleinen Ball daran befestigen. Vor einem dunklen Hintergrund sieht Ihr Hund Weiß oder ein helles Blau am besten. Rot und Orange ist für Ihren Hund dagegen nur schwer zu erkennen.

Dann können Sie Ihrem Hund beibringen, auch zu einem weiter entfernten Target zu laufen.

In diesem Fall ist das Target die auf dem Boden liegende Hundeleine …

„Voran“

Beim weiteren Üben können Sie nun auch ein Hörsignal (z. B. „Voran“) verwenden und als zusätzliches Sichtzeichen mit dem ausgestreckten Arm und der flachen Hand in die Richtung zeigen, in die er laufen soll. Wenn Sie den Abstand zum Stab allmählich immer mehr vergrößern, achten Sie darauf, dass die Laufstrecke nicht immer länger und länger wird, sondern das Ziel mal nah und mal fern ist. Sie können außerdem gelegentlich clicken, während Ihr Hund in gerader Linie zügig von Ihnen wegläuft, um diesen Aspekt der Übung zu betonen. In der Regel wird er zu Ihnen zurückkommen, sobald er den Clicker hört, doch das macht nichts. Der Click beendet eben in diesem Fall die Übung. Sollte Ihr Hund sich beim nächsten Versuch an der Stelle, an der Sie geclickt haben, fragend umsehen, machen Sie einfach gar nichts und warten stattdessen schweigend ab. Clicken Sie diesmal erst, wenn er am Ziel angekommen ist. Mit der Zeit lernt Ihr Hund, dass er solange weiterlaufen muss, bis der Click kommt.

Voranschicken zu einem Bodentarget

Manche Hunde laufen lieber zu einem Bodentarget als zu einem Targetstab. Ein Bodentarget ist etwas, das auf dem Boden liegt und auf das Ihr Hund mit der Pfote tritt oder auf das er sich setzt, um einen Click und ein Leckerchen zu bekommen. Die Deckenübung (siehe Seite 122) war im Grunde genommen eine

Übung mit einem Bodentarget, nur dass wir dabei das Verharren auf der Decke betont haben. Wollen Sie nun bei dieser ähnlichen Übung das Hinlaufen betonen, nehmen Sie am besten einen anderen Zielgegenstand, damit Ihr Hund nicht durcheinanderkommt. Als Ziel sind Sitzunterlagen aus Schaumstoff, Platzdeckchen aus Plastik oder Mousepads hervorragend geeignet, da sie stabil und abwaschbar sind. Günstig ist wieder eine helle Farbe oder ein nicht zu dunkles Blau. Üben Sie mit diesem Zielgegenstand ebenso wie bei der Deckenübung, allerdings gibt es die Leckerchen nicht so oft auf dem Bodentarget, sondern eher bei Ihnen, damit Ihr Hund beim Üben möglichst oft hin und her laufen kann. Sobald Ihr Hund verstanden hat, dass geclickt wird, wenn er zum Target läuft und eine Pfote daraufstellt, können Sie auch hier allmählich den Abstand vergrößern wie beim Targetstab. Auch die Übertragung auf die Hundeleine, die Sie zusammengerollt auf den Boden legen, gelingt gewöhnlich schnell. Sie haben dann Ihr „Bodentarget" immer dabei.

... auf die der Hund sich legt, wenn er angekommen ist.

Von Ziel zu Ziel

Auch die beschriebenen Voranschick-Übungen sind fast unendlich ausbaufähig. Sie können Ihrem Hund z. B. beibringen, an einem Target zu warten. Und Sie können ihn von einem Target zum anderen weiterschicken. Um ihm das Verharren am Target beizubringen, beginnen Sie wieder mit einem kurzen Abstand von etwa zwei Metern. Schicken Sie Ihren Hund zum Target. Sobald er sich in Bewegung setzt, folgen Sie ihm. Clicken Sie wie üblich, wenn er am Target ankommt. Er wird sich umdrehen, um sein Leckerchen abzuholen, aber Sie sind nun bereits dicht hinter ihm und werfen das Leckerchen so nah an das Target, wie Sie können (es macht nichts, wenn es auf den Boden fällt und Ihr Hund es sucht, nur sollten Sie keine Leckerchen benutzen, die weit weg rollen). Sobald Ihr Hund das Leckerchen gefressen hat und wieder hochguckt, clicken und werfen Sie erneut. Clicken und werfen Sie in schneller Folge einige Male, dann rufen Sie Ihren Hund zu sich und fangen von vorn an.

Fortgeschrittene Hunde können lernen, nacheinander verschiedene Ziele anzusteuern.

Am Target warten

Nach einigen Wiederholungen wird Ihr Hund sich länger am Target aufhalten und beginnen, auf Sie zu warten, da er dort die Leckerchen bekommt. Sie können nun den Abstand zum Target wieder etwas vergrößern und den Zeitpunkt des Clicks behutsam hinauszögern, sodass der Click erst kommt, wenn Ihr Hund ein oder zwei Sekunden am Target verharrt. Folgen Sie ihm zunächst noch eine Weile nach dem Loslaufen, damit Sie nach dem Click schon nah genug am Target sind, um ihm die Leckerchen zuwerfen zu können. Sollte Ihr Hund nach dem Click wieder zu Ihnen zurückkommen, geben Sie ihm das Leckerchen nun nicht mehr direkt, sondern gehen damit schweigend zum Target und

Das Voranschicken ist auch Teil der jagdlichen Arbeit von Apportierhunden wie dem Labrador.

geben es ihm erst dort. Durch dieses Vorgehen lernt Ihr Hund, dass er nichts davon hat, wenn er Ihnen entgegenläuft und wird immer zuverlässiger auf Sie (oder später: auf eine neue Anweisung) warten. Hat sich das Ganze etwas eingespielt, verknüpfen Sie es mit einem Hörsignal (z. B. „Warte"), indem Sie es wiederholt aussprechen, während Ihr Hund am Target steht und darauf wartet, dass Sie ihm das Leckerchen bringen.

Von einem Target zum nächsten

Hat Ihr Hund gelernt, ein paar Sekunden an einem Target zu verharren, können Sie beginnen, ihn zum nächsten Target zu schicken. Legen oder stellen Sie dazu zwei Targets im Abstand von etwa zwei Metern auf. Schicken Sie Ihren Hund zuerst mit Hörsignal und Körpersprache zum ersten Target und sagen „Warte". Nach ein oder zwei Sekunden weisen Sie, statt zu clicken, deutlich auf das zweite Target und sagen „Voran". Fast immer klappt es auf Anhieb. Ist Ihr Hund verwirrt, helfen Sie ihm, indem Sie einen Schritt auf das zweite Target zugehen und Ihr Signal wiederholen. Clicken und belohnen Sie, sobald er am zweiten Target angekommen ist. Mit der Zeit können Sie Ihren Hund zwischen mehreren Targets hin und her laufen lassen.

Das Voranschicken zu Naturzielen

Besonders reizvoll ist es, Ihren Hund auch in der freien Landschaft zu natürlichen oder menschengemachten Zielen voranzuschicken, die er noch nicht kennt. Damit sollten Sie aber erst beginnen, wenn er Routine in den vorher beschriebenen Übungen gewonnen hat. Wenn Sie dann beim Spazierengehen etwas sehen, das auffällig genug erscheint (wie z. B. ein Verkehrsleitkegel an einer Baustelle, ein weißer Pfahl oder ein Blatt Papier auf dem Boden), versuchen Sie, Ihren Hund aus wenigen Schritten Entfernung dahin zu schicken. Klappt es, gibt es natürlich Click oder Lob, großen Jubel und ein tolles Leckerchen. Merken Sie, dass Ihr Hund nicht versteht, was Sie wollen, gehen Sie mit ihm zum Ziel. Zeigen Sie es ihm und machen Sie ein kleines Vortraining, indem Sie ihn ein paarmal dafür clicken, dass er es aus einem halben Meter Entfernung anstupst oder sich daraufstellt. Dann versuchen Sie es wieder aus einiger Entfernung. Je öfter und mit je mehr verschiedenen Objekten Sie üben, desto besser geht es. Und es ist interessant, mitzuerleben, welche Ziele Ihrem Hund leichtfallen und bei welchen er Mühe hat, sie auf Anhieb zu erkennen. Sie erfahren so nebenbei eine ganze Menge darüber, wie er die Welt wahrnimmt.

Schicken Sie Ihren Hund ruhig mal zu einem natürlichen Ziel wie einem Baumstamm.

Mit der Zeit geht es immer besser und auch auf größere Entfernungen.

Kann Ihr Hund schon apportieren, können Sie ihn vielleicht auch für Botengänge einsetzen.

Apportieren

Das Apportieren, also das Zurückbringen von geworfenen oder ausgelegten Gegenständen, ist sozusagen die Königsdisziplin in der Beschäftigung mit dem Hund. Denn es ist die wohl vielseitigste und ausbaufähigste Sparte. Und es ist nicht immer ganz einfach, einem Hund das korrekte Apportieren beizubringen. Lassen Sie sich davon aber nicht abschrecken, es zu versuchen! Nachdem Sie und Ihr Hund nun schon so viel zustande gebracht haben, sollte Ihnen dies nicht allzu schwer fallen.
Es gibt mehrere Wege, mit dem Hund das Apportieren zu trainieren. Sie können mit der Methode beginnen, die Ihnen oder Ihrem Hund am meisten liegt, oder auch alle Herangehensweisen kombinieren, um Ihr Ziel zu erreichen. Es lohnt sich gegebenenfalls auch, einen Hundetrainer zu Rate zu ziehen.

Der große Wurf

Apportieren hat wenig damit zu tun, dass ein Hund begeistert hinter einem geworfenen Stöckchen herrennt. Denn viele Hunde, die dies tun, wollen danach das Stöckchen für sich behalten. Apportieren heißt aber, im Hund den Wunsch zu wecken, den Apportiergegenstand in der Hand seines Besitzers zu sehen. Dennoch gibt es Hunde, die so viel natürliche Veranlagung zum Wiederbringen besitzen, dass man ihnen die Übung ganz nebenbei, fast wie im Spiel oder durch ein paar klug eingesetzte Clicks beibringen kann. Beobachten Sie also Ihren Hund. Trägt er gern etwas herum? Bringt er geworfene Gegenstände gelegentlich wieder zu Ihnen zurück oder trägt sie zumindest oft zu einem bestimmten Ort? Dann sind Ihre Chancen auf den großen Wurf gut.

Bring es mir

Bewaffnen Sie sich mit dem Clicker und ein paar Leckerchen. Außerdem brauchen Sie einen oder mehrere Objekte, die Ihr Hund mag, und eine günstige Gelegenheit. Werfen Sie ein Objekt und ermuntern Sie Ihren Hund, es Ihnen zu bringen, indem Sie sich einladend von ihm weg bewegen. Tut er das oder nähert sich Ihnen zumindest mit dem Objekt in der Schnauze, clicken Sie. Bringt Ihr Hund das Objekt nicht zu Ihnen, sondern zu einem bestimmten Ort (z. B. seinem Liegeplatz), stellen Sie sich in seinen Laufweg und clicken Sie, wenn er auf dem Weg zu seinem Lieblingsplätzchen auf Sie zukommt. Ihr Hund wird vermutlich verblüfft, aber erfreut sein, wenn er den Clicker hört, und das Objekt fallen lassen. Er bekommt nun entweder ein Leckerchen oder – falls er gerade in Spiellaune ist – spielen Sie zur Belohnung mit ihm mit dem Objekt oder werfen es gleich erneut. Er wird vielleicht wegen des fehlenden Leckerchens kurz stutzen, sich dann aber auf das Spiel einlassen. Ist er nicht an Leckerchen interessiert und lässt das Spielzeug auch nach dem Click nicht fallen, bieten Sie ihm ein Spiel mit einem anderen Spielzeug an. Vielen Hunden kann man mit etwas Glück innerhalb weniger Minuten auf diese Weise klarmachen, dass es viel schöner ist, zusammen zu spielen als allein. Nach und nach clicken Sie dann nur noch, wenn Ihr Hund Ihnen das Objekt direkt in die Hand bringt.

Der eine mag lieber ein sogenanntes „Dummy“, der andere einen Ball.

Ziel ist, dass Ihr Hund Ihnen das Apportel direkt in die Hand gibt.

Die kleinen Schritte

Vor allem bei eingefleischten Nicht-Apportierern oder sehr besitzergreifenden Hunden geht es leider nicht so leicht. Es kann ein ziemlich langwieriger Übungsaufbau nötig sein, der sich jedoch unbedingt lohnt, weil Apportieren so eine vielseitige und faszinierende Beschäftigungsart ist. Es wird Sie sicher nicht überraschen, dass wiederum das Targettraining die Grundlage für diese Art des Apportiertrainings bildet. Der Weg führt diesmal über das Halten und Tragen von Gegenständen.

Nimm es in der Mitte

Nehmen Sie zum Üben einen länglichen Gegenstand, der Ihrem Hund nicht unsympathisch ist, ihn aber auch nicht zum Spielen oder Zerkauen anregt. Ein Stück unlackierte Holzleiste von (je nach Hundegröße) ein bis drei Zentimetern Durchmesser eignet sich gewöhnlich für den Anfang. Sie brauchen wie üblich den Clicker und ein paar Leckerchen.

Viele Hunde lieben es, einen Futterbeutel zu apportieren.

Fassen Sie nun das Objekt mit einer Hand an einem Ende und halten Sie es Ihrem Hund dicht vor die Nase, und zwar waagerecht. Vor allem, wenn Sie bereits Targettraining mit ihm gemacht haben, wird er daran stupsen. Sie clicken und geben ihm ein Leckerchen. Im Unterschied zum Targettraining ist Ihr Ziel aber nun, dass Ihr Hund den Gegenstand umfasst, statt nur an die Spitze zu stupsen. Clicken Sie daher bevorzugt, wenn er beim Stupsen den Fang öffnet oder auch an dem Objekt leckt. Halten Sie es außerdem so, dass er es am ehesten in der Mitte greifen kann. Stupst er an die Spitze, clicken Sie diesmal nicht.

Apportieren für Nicht-Apportierer

Üben Sie auf diese Weise, bis Ihr Hund das Objekt vollständig umfasst und bis zum Click einige Sekunden ruhig hält, während Sie das andere Ende halten. Klappt das, lassen Sie das Objekt auch mal los, während er es hält. Kann Ihr Hund den Gegenstand selbstständig ein paar Momente festhalten, versuchen Sie dasselbe in der Bewegung (während Sie mit Ihrem Hund herumgehen). Erst wenn auch dies funktioniert, versuchen Sie, den Gegenstand auch auf den Boden zu legen und – noch später – ihn auch zu werfen. Ihr Hund muss nun noch lernen, ihn vom Boden aufzuheben. Der ganze Trainingsprozess kann sich über einige Wochen hinziehen und erfordert etwas Fingerspitzengefühl. Dafür bekommt man auf diesem Weg der kleinen Schritte alle Hunde zum Apportieren und auch dazu, alle möglichen Gegenstände (Handys, heruntergefallene Schlüssel usw.) zu apportieren.

Der Futterbeutel

Ein Futterbeutel oder Futterdummy ist eine Art Etui, in das man Hundekuchen füllen kann. Es wird mit einem Reißverschluss oder Klettverschluss verschlossen, sodass der Hund es nicht so leicht öffnen kann. Zum Üben eignet sich zunächst auch ein einfaches Federmäppchen aus Stoff oder Kunstleder. Durch den essbaren Inhalt ähnelt ein Futterbeutel einer echten Beute und interessiert auch Hunde, die von Natur aus kein Spielzeug herumtragen würden. Lassen Sie Ihren Hund zunächst ein paar Hundekuchen aus dem geöffneten Beutel fressen. Machen Sie dann den Beutel zu und versuchen Sie, Ihren Hund dazu zu animieren, dass er ihn ins Maul nimmt und vielleicht ein paar Schritte trägt. Er wird allerdings vermutlich eher von Ihnen wegstreben. Für das weitere Üben sollte er daher angeleint sein. Sie können ihn dann behutsam zu sich heranziehen, ihm unter viel Lob den Beutel entwinden, ihn öffnen und Ihren Hund daraus fressen lassen. Über viele Wiederholungen lernt er so, dass er nur dann an den Inhalt kommt, wenn er den Beutel zu Ihnen bringt. Man kann den Futterbeutel aber auch gut bei den anderen geschilderten Übungsmethoden als ein erstes Apportierobjekt verwenden und hat dann oft schnelleren Erfolg bei Hunden, die von Natur aus nicht mit Objekten spielen oder Probleme damit haben, diese längere Zeit festzuhalten.

Bei mehreren Hunden muss allerdings durch Disziplin eventuellem Futterneid vorgebeugt werden.

6

Service

Zum Weiterlesen

Hundeerziehung

Alles rund um „Sitz“; „Platz“ und „Fuß“ finden Sie in

Führmann, Petra und Nicole Hoefs: **Das Kosmos Erziehungsprogramm für Hunde.** Kosmos 2006.

Führmann, Petra, Nicole Hoefs und Iris Franzke: **Kleine Hunde – Große Freunde.** Kosmos 2008.

Krauß, Katja: **Hunde erziehen mit dem Clicker.** Kosmos 2006.

Mücke, Anke: **Zufrieden an der Leine.** Kosmos 2007.

Winkler, Sabine: **Hundeerziehung.** Kosmos 2009.

Winkler, Sabine: **So lernt mein Hund.** Kosmos 2005.

Hunderassen

Hier finden Sie eine Auswahl an Büchern, in denen die einzelnen Hunderassen in Wort und Bild charakterisiert werden.

Krämer, Eva-Maria: **Der große Kosmos Hundeführer.** Kosmos 2009.

Krämer, Eva-Maria: **250 Hunderassen.** Kosmos 2008.

Hundespiele

Noch mehr Action für drinnen und draußen? Weitere Spielideen von langsam bis wild finden Sie in

Blenski, Christiane: **Hundespiele.** Kosmos 2007.

Büttner-Vogt, Inge: **Spiel & Spaß mit Hund.** Kosmos 2008.

Rauth-Widmann, Brigitte: **Mit Hunden spielen.** Kosmos 2009.

Hundeverhalten

Was wollen Hunde ausdrücken? Finden Sie es heraus!

Feddersen-Petersen, Dorit: **Ausdrucksverhalten beim Hund.** Kosmos 2008.

Feddersen-Petersen, Dorit: **Hundepsychologie.** Kosmos 2004.

Schöning, Barbara: **Hundeverhalten.** Kosmos 2008.

Welpen

So werden auch die wildesten Welpen zu anständigen Hunden.

Lübbe-Scheuermann, Perdita und Frauke Loup: **Unser Welpe.** Kosmos 2006.

Theby, Viviane: **Das Kosmos Welpenbuch.** Kosmos 2004.

Winkler, Sabine: **Welpen-Kindergarten.** Kosmos 2008.

Das Nachschlagewerk für Hunde

Wenn Sie lieber alles in einem wollen, können wir Ihnen das folgende Buch empfehlen.

Winkler, Sabine (Hrsg.): **Kosmos Handbuch Hunde.** Kosmos 2008.

Nützliche Adressen

Fédération Cynologique
Internationale (FCI)
Place Albert 1er, 13
B – 6530 Thuin
Tel.: 0032 71 59 12 38
info@fci.be
www.fci.be

Verband für das Deutsche
Hundewesen e.V. (VDH)
Westfalendamm 174
44141 Dortmund
Tel.: 0231-565000
Info@vdh.de
www.vdh.de

Österreichischer
Kynologenverband (ÖKV)
Siegfried Marcus-Str. 7
A – 2362 Biedermannsdorf
Tel.: 0043 2236-710667
office@oekv.at
www.oekv.at

Schweizerische Kynologische
Gesellschaft (SKG)
Geschäftsstelle
Brunnmattstr. 24
CH – 3007 Bern
skg@skg.ch
www.skg.ch

Berufsverband der Hundeerzieher/
innen und Verhaltensberater/
innen (BHV)
Eichenweg 2
65527 Niedernhausen
Tel.: 06192-9581136
info@bhv-net.de
www.bhv-net.de

aHa – die andere
Hundeausbildung
www.aHa-Hundeausbildung.de

Leiter der Hundeschule:
Beate Poetting
Solterbergstr. 44
32602 Vlotho
Tel.: 05228-960751
Fax: 05228-960752

Sabine Winkler
Bielefelder Straße 128
33824 Werther
Tel.: 05203-883770

Unter diesem Link erfahren Sie,
welche Seniorenheime Haustiere
zulassen:
http://www.herz-fuer-tiere.de/info/
seniorenheime-haustiere.html

Register

Bildnachweis

138 Farbfotos wurden von Peter Oppenländer für dieses Buch aufgenommen. Weitere Farbfotos von Juniors Tierbild (1; S. 48), Karin van Klaveren/Kosmos (1; S. 96 u.), Eva-Maria Krämer/Kosmos (16; S. 105 beide, 111 beide, 131 o., 132 beide, 133, 136, 137, 140, 141, 142, 148, 149), Gabriele Metz/Kosmos (16; S. 40 alle 3, 88, 89 beide, 90, 91 alle 3, 134 beide, 135, 138 beide, 139), Horst Streitferdt/Kosmos (6; S. 46, 47, 112 alle 3, 144 Mitte), Sabine Stuewer/Kosmos (36; S. 15 beide, 16, 24 beide, 30, 31 alle 3, 32 o., 33, 41, 49, 60 beide, 61, 67 beide, 68, 79, 80 beide, 101, 102, 103, 104, 110, 123, 124 beide, 125, 126, 131 u., 146, 147 beide), Vivien Venzke/Kosmos (7; S. 44, 45, 58, 106, 107, 120 beide).

Impressum

Umschlaggestaltung von eStudio Calamar unter Verwendung eines Farbfotos von LaCoppola & Meier/zefa/Corbis (Umschlagvorderseite) und eines Farbfotos von Susan Milau/Picani (Umschlagrückseite).

Mit 234 Farbfotos.

Alle Angaben in diesem Buch erfolgen nach bestem Wissen und Gewissen. Sorgfalt bei der Umsetzung ist indes dennoch geboten. Der Verlag und die Autoren übernehmen keinerlei Haftung für Personen-, Sach- oder Vermögensschäden, die aus der Anwendung der vorgestellten Materialien und Methoden entstehen könnten.

Gedruckt auf chlorfrei gebleichtem Papier

ISBN 978-3-440-11226-7
Redaktion: Alice Rieger
Gestaltungskonzept: solutioncube GmbH, Reutlingen
Gestaltung und Satz: Atelier Krohmer, Dettingen/Erms
Produktion: Eva Schmidt
Printed in Germany / Imprimé en Allemagne